Construction
Technology
and
Innovation
of Urban
Utility
Tunnel

城市地下管廊
结构施工技术与创新

北京城建集团有限责任公司 编著

中国电力出版社
CHINA ELECTRIC POWER PRESS

内 容 提 要

本书共分十一章，第一章介绍了城市地下管廊的概述，第二至十一章结合工程实际介绍了地下管廊工程开挖常用的十种施工工法，并附带二十余个真实案例的施工过程总结，具有极强的借鉴意义。

本书可供城市地下管廊领域从事管理、设计、施工、监理、维护、使用等单位相关管理、技术人员以及高等院校相关专业师生参考使用。

图书在版编目（CIP）数据

城市地下管廊结构施工技术与创新 / 北京城建集团有限责任公司编著. —北京：中国电力出版社，2017.7
ISBN 978-7-5198-0906-5

Ⅰ. ①城… Ⅱ. ①北… Ⅲ. ①市政工程–地下管道–工程施工–研究 Ⅳ. ①TU990.3

中国版本图书馆 CIP 数据核字（2017）第 155929 号

出版发行：中国电力出版社
地　　址：北京市东城区北京站西街 19 号（邮政编码 100005）
网　　址：http://www.cepp.sgcc.com.cn
责任编辑：梁　瑶　未翠霞（010-63412605）
责任校对：王开云
装帧设计：王红柳
责任印制：单　玲

印　　刷：汇鑫印务有限公司
版　　次：2017 年 7 月第一版
印　　次：2017 年 7 月北京第一次印刷
开　　本：889 毫米×1194 毫米　16 开本
印　　张：12.75
字　　数：364 千字
定　　价：68.00 元

版 权 专 有　侵 权 必 究

本书如有印装质量问题，我社发行部负责退换

《城市地下管廊结构施工技术与创新》
编 写 委 员 会

总　策　划	陈代华　郭延红
策　　　划	李卫红　徐荣明　储昭武　郭威力　王丽萍　史育斌 彭成均　张晋勋　李　莉　吴继华　王志文　姜维纲 刘月明　何万立　张锁全　刘光宁
主　　　编	张晋勋
常务副主编	金　奕
副　主　编	毛　杰　王念念　董佳节　李红专　李成义　李洪毅 段劲松　许占启　李鸿飞
审核专家	李久林　王　甦　邱德隆　蔡亚宁　肖　燃　周志亮
参　　　编	（按姓氏笔画排序）

马军英　仇　伟　王　莹　王水彬　王　可　刘奎生
刘震国　刘　磊　刘文清　田永进　孙　菁　吕卓伦
安　星　安彦飞　李笑男　李　健　李明奎　李劲男
李文峰　汪令宏　肖　勇　辛玉升　张志艳　张永辉
张　鹏　张建华　张　洁　张远强　杨庆德　杨　郡
杨树春　杨国良　杨　波　陆文娟　单镏新　单宏慧
罗华丽　范仟和　陈彩银　陈于江　宫　萍　费　恺
段惠玲　葡学思　梁　帅　袁云峰　郭利佳　徐　勇
陶桂东　黄　肖　黄克湖　韩天平　程建业　程宝庆
赖庆顺　窦　一　解晓忱　熊军辉　魏健鹏　魏　铮
瞿　红

前　言

　　城市地下综合管廊是城市化发展的必然趋势，是大中型城市的重要基础设施。随着我国城镇化建设的加快，地下综合管廊已成为重要的建设内容。

　　北京城建集团有限责任公司近年来参加了众多城市地下综合管廊建设，组织建设了热力、电力、燃气、给排水、城市轨道交通等多种市政管线，并参与建设了包括北京中关村、北京未来科技城、北京通州行政中心区等多项城市地下综合体。集团在完善常规施工方法的同时，组织实施了盾构、顶管、暗挖等城市地下管廊施工新技术的研究及实践，在工程实践中积累了一定的经验。

　　为推动我国城市地下管廊工程的发展，我们组织力量编写了本书，通过相关工程案例，全面系统地总结城市地下管廊的工程实践。由于城市地下管廊工程的分散性、地域性及时间跨度的不同，很多内容总结得不够全面、完善，有待在以后的工程实践中不断提高。

　　本书可供城市地下管廊领域从事管理、设计、施工、监理、养护、使用等单位相关管理、技术人员以及高等院校相关专业师生参考使用。

北京城建集团有限责任公司

目　录

第一章 城市地下管廊概述

第一节 地下管廊的定义与意义

一、定义

1. 管廊（pipe gallery）

管廊一词出现较早，指支撑架空设置的管道系统中除管道外的全部结构的总称，是由成排的落地立柱和连续的管廊架（梁）以及各种拉撑组成的大型构架，其基本结构断面呈"Π"形，如图1-1所示。

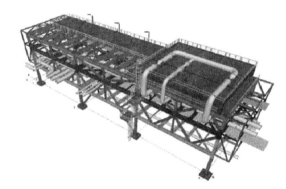

图1-1 （地上）管廊

2. 综合管廊（utility tunnel）

综合管廊全称为地下综合管廊，指建于城市地下，用于集中敷设多种市政管线（电力、通信、给水、排水、热力、燃气等管线）的公共隧道。

综合管廊的早期其他名称有共同沟、共同管道、综合管沟、地下综合管沟、市政综合管廊、城市综合管廊、公用隧道等。对应的英文名称有：中国译为utility tunnel，美国与加拿大称之为pipe gallery或public utility conduit，英国称之为mixed services subways，法国称之为technical galley，德国称之为collecting channels，日本译为public utility services。

地下综合管廊分为干线型、支线型和缆线型三种形式，如图1-2所示。不同形式的地下综合管廊，其断面形式、容纳管线种类、造价、维修及管理均有所不同。

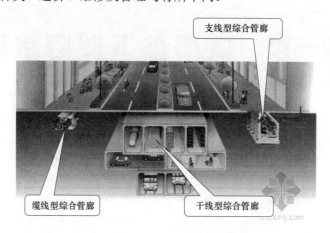

图 1-2　不同类型的地下综合管廊

（1）干线型综合管廊（trunk utility tunnel）。

干线型综合管廊是指用于容纳城市主干工程管线，采用独立分舱方式建设的综合管廊，如图 1-3 所示。

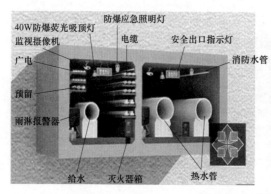

图 1-3　干线型综合管廊

干线型综合管廊一般敷设于道路车行道下方，主要连接原站（如自来水厂、发电厂等）与支线型综合管廊，一般不直接服务用户，经常收容的管线为电信、电力、燃气、给水、热力等，部分干线型综合管廊将雨水、污水系统纳入。干线型综合管廊的特点是结构断面尺寸大、覆土深、系统稳定且输送量大、安全性高、对维修及检测要求高等。

（2）支线型综合管廊（branch utility tunnel）。

支线型综合管廊是指用于容纳城市配给工程管线，采用单舱或双舱方式建设的综合管廊，如图 1-4 所示。

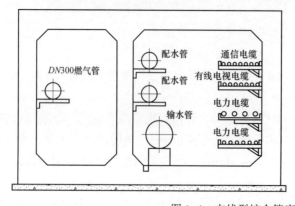

图 1-4　支线型综合管廊

支线型综合管廊的主要作用是在干线型综合管廊和终端用户之间建立连接通道，一般敷设于道路两旁的人行道下，主要收容的管线为电信、电力、燃气、给水等管线，管廊断面以矩形居多。

（3）缆线型综合管廊（cabletrench）。

缆线型综合管廊是指采用浅埋沟道方式施工，设有可开启盖板，内部空间不能满足人员正常通行要求，用于容纳电力电缆和通信线缆的管廊，如图1-5所示。

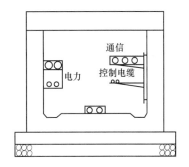

图1-5　缆线型综合管廊

缆线型综合管廊一般敷设在人行道下，管线直接连接终端用户。其管廊特点为：断面小，埋深浅，内部构造简单，造价较低，不要求人可通行，不设通风和监控等设备，后期的维护及管理简单。

二、意义

综合管廊容纳管线的方式与传统管线的直埋式相比，其意义包括：

1. 安全可靠，抗震防灾能力强

（1）安全性：综合管廊采用钢筋混凝土结构，可有效防止外力荷载对管线的破坏。同时，管廊内的管线不与地下水和土壤直接接触，管线的安全性更高。

（2）可靠性：管廊内各专业管线间的布局与安全距离均依据国家相关规范要求确定，并根据防火、防爆、管线使用、维护保养等方面的要求，沿管廊走向进行了区段分隔，监测系统先进，管廊内管线的可靠性高。

（3）可维护性：管廊为封闭的地下安定环境，不受外界因素干扰且内部可通行，便于检查与维修。

（4）抗灾性：综合管廊坚固的结构具有抵御一定程度的冲击荷载的作用，在防灾、抗灾、备战方面具有较好的保障能力，能保证水、电、气、通信等城市重要命脉的安全，可抵御地震、台风、冰冻、侵蚀等多种自然灾害及次生灾害。

（5）及时性：市政管廊内外设置监测系统，能确保对市政管廊内部进行全方位的监测，及时发现安全隐患，并及时维护处理，避免重大事故的发生。

2. 节约与优化地上、地下空间资源

节约地上空间：由于原有道路上的附属设施被集中到综合管廊内，节省了大量宝贵的城市地面空间，为城市地面公共区域规划提供了宝贵的空间资源。

节省地下空间：管廊内管线布置紧凑，有效利用了道路下的地下空间，克服了以前各种管线随意占用市政道路地下空间的局面，为重大建筑物、构筑物的建设腾出了更多可用空间，保障了城市的可持续发展。据测算，相比管线直埋方式，市政管廊建设方式可以减少道路地下60%左右的垂直投影面积。

3. 改善城市环境

避免了路面反复开挖，使交通更通畅：直埋的市政管线检修不便、状态不明、事故频发，路面反复被挖开，造成交通拥堵和环境污染。管线纳入管廊后，地面交通不再受管线状态的影响，保证了地面交通和市民生活不受干扰。

井盖数量大幅减少：建设地下综合管廊后，地面井盖大幅减少，对汽车轮胎的冲击和道路的冲击大大减少，减少交通事故和车辆轮胎磨损，降低交通噪声扰民。

美化城市：地下综合管廊的建设，使空中蜘蛛网式的电力及通信线缆移入地下，拔除了影响市容的电线杆，大大缩减了地面上的检查井、室，使城市环境整洁、有序，保证了城市景观更加和谐。

4. 理顺管理体系

城市地下综合管廊的统一规划为打破传统管线行业的垄断地位提供了难得的机遇。长期以来，各行业部门因利益所致，导致地下空间条块分割、互不协商，造成路面反复开挖。而现在建设综合管廊的行政管理级别较高，由国务院下辖各城市最高领导组成，便于从大局出发，协调统领地下空间的重新布局，革除过去几十年解决不了的顽疾。

5. 满足城市发展不断增长的需求

地下管廊内不但预留了各专业管道发展的增容空间，而且管廊内管道的更换和扩容也较为容易，满足了城市发展中对排水、通信、电力、给水、燃气不断增长的需求。

6. 经济性好

（1）管廊的年均建设费用并不高：虽然管廊的一次性投资较大，但管廊的使用寿命相当长，我国规定的设计寿命为 100 年，国外则有在用 200 年管沟的实例。分摊到每一年的建设成本并不高。而且采用管廊的管线布设时，避免了传统直埋方式下各专业管线交叉处理的麻烦，简化了施工工艺。

（2）减少管道事故损失：管廊的环境安全，监测手段高，管网不易发生事故，相对于直埋管网的高事故率与高漏损率，因事故减少而带来的经济效益可观。考虑到将直埋方式改为管廊后的间接收益，如避免的交通拥堵费、环境污染治理费、对市民生活的干扰、楼房地铁等公用设施的沉降等，地下管廊的社会效益和间接收益更高。中国自来水的漏损率平均为 16%，北方城市经常都是 30% 以上，直接经济损失巨大。就直埋管线施工造成的事故而言，根据中国工程院钱七虎院士的研究，国内城市中每年因施工产生的地下管线事故所造成的直接经济损失约 50 亿元，间接经济损失约 400 亿元，并由此产生极为严重的扰民现象，而管廊在节约城市资源方面的综合效益是极为明显的。以中国台湾省信义市 6.5km 管廊为例，虽然比单项建设多投资 5 亿元台币，但建成 75 年间产生的效益却有 2337 亿元台币（包括堵车、肇事等社会成本的降低、道路及管线维修成本的减少等）。

（3）管道增寿经济：综合管廊内的管线因为不直接与土、地下水、道路结构层的酸碱物质接触，可减少腐蚀，延长管线使用寿命，从而节省管道长期维护与修建的费用。

（4）降低路面修复费用：地下管廊建成后，不再需要地面开挖，这大大降低了路面的返修费用和工程管线维修费用，增加了路面的完整性和工程管线的耐久性。根据 20 世纪 90 年代国内外城市统计，平均每年挖掘的道路面积占道路总面积的 1/35~1/25，这不仅浪费资金，还为城市生活带来不便。

（5）投资拉动经济：综合管廊建设将拉动经济增长，包括直接施工的基础建设费用和间接拉动的投资，如钢材、水泥、机械设备等方面的投资。

总之，修建综合管廊所带来的经济效益及社会效益，将远远超出综合管廊所增加的一次性投入。建设地下管廊的意义可总结为：① 能避免因埋设、维修管线而导致道路反复开挖，确保道路交通畅通；② 能有效集约化地利用道路下的空间资源，为城市发展预留宝贵空间；③ 能去掉城市道路上的架空线网、电线杆、检查井室等，使城市更美观；④ 能根据远期规划容量设计与建设地下综合管廊，从而能满足管线远期发展的需要；⑤ 管线增设、扩容较方便，管线可分阶段敷设，管线建设资金可分期投资；⑥ 管线寿命更长久、维护费用更低廉；⑦ 先进的监视系统使管网运行更安全、更可靠；⑧ 有利于打破地下管网侵占地下空间的局面，形成地下资源统一协调的机构与机制，使城市地下空间的开发迈上新台阶。

三、可行性

当前，无论是政策、环境，还是民愿、经济，中国的大中城市都具备了大规模建设地下管廊的基础。

1. 时机成熟

从城市发展阶段来看，我国已经度过了城市化起步阶段，现正处于城市化的加速阶段。城市对公用设施的需求随人口增长和城市规模扩大而与日俱增，当供需之间出现矛盾、城市安全受到威胁的时候，城市将开始增建新的公用设施系统。综合管廊作为当下最先进的公用设施系统，已在我国大规模发展起来，不仅能为城市规模的拓展解决管线、供需平衡问题，也提高了城市安全性。

2. 政府重视

自 2013 年起，党中央、国务院对地下管廊的规划与建设高度重视。习近平总书记、李克强总理多次提出明确要求，国务院、住房和城乡建设部及相关部门连续印发了各种配套政策与文件，地方政府也积极配合，制订地方激励政策，为地下管廊的规划与建设创造了良好的环境和氛围。

3. 企业积极

地下管廊的市场是确定的，回报也是明确的。在 2015 年城市地下综合管廊规划建设培训班座谈会上，住建部部长陈政高就估算，如果每年建 8000km 综合管廊，按照每 1.2 亿/km 的投资计算，将拉动 1 万亿投资。地下管廊建设拉动了钢筋、混凝土、设备制造和施工的整个产业链，企业积极性高。投资采用 PPP 模式，金融机构的热情和支持力度也很高。

4. 民众支持

地下管廊的建设可以从根本上解决以前反复扰民的困境，使城市得以休养生息，民众安居乐业，城市市容美化，广大市民非常支持。

5. 经济实力有支撑

发达国家的发展史表明：当人均 GDP 达到 3000 美元时，城市发展对地下空间开发利用的需求就会明显加大，首先表现为地铁、市政管廊、地下停车场、地下道路等交通、市政基础设施的需求。2010年末，我国人均收入 29 678 元（约 4200 美元），上海、广州、深圳市等地，人均 GDP 在 4600～6500美元之间，个别省份更高，如江苏省生产总值达 52 000 元（约 7500 美元），中国已具备了大规模开发地下空间的经济实力。

6. 技术成熟

地下管廊施工所需的技术由明挖法、顶管法、盾构法、矿山法演变而来，而在这些工程领域，我国已经积累了丰富的经验。地下管廊的施工技术没有实质性的难题，已经具备建设地下管廊的配套技术与施工队伍。经过这几年一些城市的试点工程，地下管廊开发的配套技术日臻完善，相应的质量控制的技术标准也已逐渐形成。

第二节　地下管廊建设国际现状

综合管廊应用最早的是法国，之后，英国、德国、西班牙、俄罗斯、匈牙利、美国及日本等国家都相继建设综合管廊。但早期的综合管廊通风设施都比较落后。自 20 世纪开始，随着城市的高度集中，城市公共空间用地矛盾的日趋尖锐，日本、美国和加拿大等国家开始大规模建设综合管廊系统。

国外一些经济发达国家的综合管廊实现了将地下供水、排水管网发展为地下大型供水系统、能源供应系统、污水排水及污水处理系统，并与地下交通设施进行共建，实现了地下空间综合开发利用的最终目标。截至 2008 年底，全世界建成的综合管廊长度已超过 3000km。

近年来，巴塞罗那、赫尔辛基、伦敦、里昂、马德里、奥斯陆、巴黎、瓦伦西亚等许多城市都研究并规划了各自的地下综合管廊网络。北欧的经验是，由于机械化施工程度不断提高，在许多情况下，城市基础设施建在地下比建在地上还要便宜。地下综合管廊如同建设核防空洞那样，既可用于防御也保护了环境。

1. 美国

1960 年，美国开始研究综合管廊。研究结果认为，从技术、管理、城市发展及社会成本上看，建设综合管廊都是可行且必要的。

1970 年，美国在 WhitePlains 市中心建设了综合管廊，其他地方，如大学校园内、军事基地等处，以及为特别目的也建设了一些地下综合管廊，但均不成系统网络，除了煤气管外，几乎所有管线均收容在综合管廊内。

美国具代表性的综合管廊是纽约市下穿束河，连接 Astoria 和 Hell Gate Generatio Plants 的隧道，该隧道长约 1554m，收容了 345kV 输配电力电缆、电信电缆、污水管和自来水干线。另外，较典型的还有阿拉斯加的 Fairbanks 和 Nome 建设的综合管廊系统，这些管廊是为防止自来水和污水受冰冻而兴建的。

2. 法国

1832 年，法国发生了霍乱，当时研究发现城市的公共卫生系统建设对于抑制流行病的发生与传播至关重要。

1833 年，法国巴黎建设了世界上第一条综合管廊，全长 600m。管道中收容了自来水、电信电缆、压缩空气管及交通信号电缆等 5 种管线，这是人类历史上最早规划建设的综合管廊。迄今为止，这条管廊已运行了近 200 年，目前仍在运行中并逐渐演变成地下管线公共管网，全长达 2400m。

1870 年，奥斯曼帝国进行巴黎改建时，综合管廊建设得到了全面发展。

此后，巴黎逐步推动综合管廊规划建设，19 世纪 60 年代末，为配合巴黎市副中心的开发，规划了完整的综合管廊系统，收容了自来水、电力、电信、冷热水管及集尘配管等，为适应现代城市管线种类多、敷设要求高等特点，将综合管廊的断面修改成了矩形。

截至 2013 年，巴黎市区及郊区的综合管廊已达到 2100km，堪称世界城市综合管廊之首。

3. 英国

英国于 1861 年在伦敦市区兴建综合管廊，采用宽 12m、高 7.6m 的半圆形断面，容纳煤气、自来水、污水等管线，以及电信电缆等。在新建道路的同时，在两侧人行道下修筑干线共同沟，并用支线共同沟与路旁两侧的建筑物用户连接起来。

迄今为止，伦敦市区已经建有 22 条公共管廊。伦敦市公共管廊的建设费用由政府筹措，建成以后的所有权归政府所有，政府采用出租管道空间给管线单位的形式来进行管廊的经营。

4. 德国

1893 年，在汉堡市的 Kaiser-Wilheim 街两侧人行道下方兴建了 450m 长的综合管廊，收纳了暖气管、自来水管、煤气管、电力、电信电缆，但不含下水道。

1945 年，在耶拿修建了第一条综合管廊，内置蒸汽管道和电缆。

1959 年，在布白鲁他市修建了长度约 300m 的综合管廊，收容了煤气管线和自来水管线。

1964 年，在苏尔市（Suhl）及哈利市（Halle）开始兴建综合管廊。至 1970 年，共建成 15km 以上的综合管廊，同时也开始推广综合管廊。管廊中收容的管线包括雨水管、污水管、饮用水管、热水管、工业用水干管、电力电缆、通信电缆、路灯用电缆及瓦斯管等。

5. 日本

日本的国土面积仅有 37.78 万 km²，城市用地极为紧张且地震多发。出于抗灾和充分利用地下空间资源的考虑，日本很早就开始关注地下管廊的建设工作。

日本盾构技术的发展最早始于 1920 年，距今已有 100 余年。日本地下空间的发展与盾构技术的发展有重要的相关性。

日本的综合管廊建设起步于 1923 年的关东大地震后的国家复兴时期。

1926 年，日本在关东大地震后，日本政府针对管线大面积破坏开始在九段阪、滨町金座街、东京后火车站至昭和街三个试点建设了公共管廊，完成了九段阪和八重洲两处共长 1.8km 的共同沟。由于地震后经济萧条，公共管廊的建设停滞了相当一段时间。

1955 年后，随着经济发展，日本又开始规划和建设公共管廊。

1962 年，日本政府宣布禁止开挖道路。

1963 年，日本颁布了《共同沟特别措施法》，解决了一些综合管廊建设中的资金分摊、建设技术等关键问题，综合管廊随之在日本得到了规模化的建设和发展。

1981 年末，日本的综合管廊总长约 156.6km。

1990 年，日本发明了双圆盾构。

1991 年，日本成立了相应的专业管理部门，推动共同沟的建设工作。

1992 年，日本全国共同沟总长达 310km。

1993～1997 年为日本综合管廊的建设高峰期，至 1997 年已完成干管 446km，较著名的有东京银座、青山、麻布、幕张副都心、横滨 M21、多摩新市镇（设置垃圾输送管）等地下综合管廊。其他各大城市，如大阪、京都、名古屋、冈山市等均大规模地投入综合管廊的建设。

1995 年，日本颁布了《电力共同沟法》，将电线及光缆收集于步道之下的共同沟内，确保在台风、地震等灾害时紧急输送道路保持通畅。

2001 年，日本已兴建了超过 600km 的综合管廊。

2005 年，日本建成了日比谷综合管廊，工程总长 1.424km，由东京虎之门至日比谷。

目前，日本是世界上综合管廊法规最完善、技术最先进的国家。日本东京、大阪、名古屋、横滨、福冈等近 80 个城市已经修建了总长度超过 2057km 的地下综合管廊。

6. 俄罗斯

1933 年以来，苏联在莫斯科、列宁格勒、基辅等地开始了综合管廊建设。

目前，莫斯科地下已有 130km 长的综合管廊，除煤气管线外，其他各种管线均布置在综合管廊内。

7. 西班牙

1953 年，马德里市首先开始进行综合管廊的规划与建设。1970 年底，马德里市政府修建的综合管廊已达 51km。另外，有一家私人自来水公司拥有 41km 长的综合管廊。马德里的综合管廊内所敷设的电力电缆原被限制在 15kV 以内，主要是为预防火灾或爆炸，但随着电缆材料的不断改进，目前已允许电压增至 138kV，至今没有发生过任何事故。

西班牙目前有 92km 长的地下管廊，除煤气管外，所有公用设施管线均进入廊道，并制订了进一步的规划，准备在马德里主要街道下面继续扩建。

8. 新加坡

2006 年，新加坡滨海湾项目中开始引入地下管廊，与地铁联合设计，管廊中纳入了中水管道、制冷系统和垃圾收集系统。设计长度为 15km，舱室断面形状为长方形。

目前，新加坡在"MarinaBay"地区建成了 20km 长的综合管廊。

9. 加拿大

加拿大虽然国土辽阔，但因城市高度集中，城市公共空间用地矛盾依然十分尖锐，在 20 世纪逐步建成了较为完善的地下综合管廊系统。加拿大的多伦多市和蒙特利尔市，也有很发达的地下综合管廊系统。加拿大建造地下综合管廊的费用，一部分由使用者负担，另一部分由道路管理者负担。其中，使用者负担的费用大约占全部工程费用的 60%～70%。

10. 瑞典

瑞典的斯德哥尔摩市有地下综合管廊 30km，建在岩石中，直径 8m。这些管廊原为民防目的而建，二战后用作地下市政管廊，管廊内收容了自来水管、雨水管、污水管、暖气管及电力、电信等服务性管线，后来又陆续建造了 25～30km 长的地下管廊。

11. 芬兰

芬兰将共同沟深埋于地下 20m 的岩层中，而不直接建于街道下，其优点是可节省 30% 的管线长度。

第三节　地下管廊工程施工规范要求

一、一般规定

施工单位应建立安全管理体系和安全生产责任制，确保施工安全。

施工项目质量控制应符合国家现行有关施工标准的规定，并应建立质量管理体系、检验制度，满足质量控制要求。

施工前应熟悉和审查施工图纸，并应掌握设计意图与要求。应实行自审、会审（交底）和签证制度；对施工图有疑问或发现差错时，应及时提出意见和建议。当需变更设计时，应按相应程序报审，并应经相关单位签证认定后实施。

施工前应根据工程需要进行下列调查：① 现场地形、地貌、地下管线、地下构筑物、其他设施和障碍物情况；② 工程用地、交通运输、施工便道及其他环境条件；③ 施工给水、雨水、污水、动力及其他条件；④ 工程材料、施工机械、主要设备和特种物资情况；⑤ 地表水水文资料，在寒冷地区施工时还应掌握地表水的冻结资料和土层冰冻资料；⑥ 与施工有关的其他情况和资料。

综合管廊防水工程的施工及验收应按《地下防水工程质量验收规范》GB 50208 的相关规定执行。综合管廊工程应经过竣工验收合格后，方可投入使用。

二、基础工程

综合管廊工程基坑（槽）开挖前，应根据围护结构的类型、工程水文地质条件、施工工艺和地面荷载等因素制订施工方案。

土石方爆破必须按照国家有关部门规定，由专业单位进行施工。

基坑回填应在综合管廊结构及防水工程验收合格后进行。回填材料应符合设计要求及国家现行标准的有关规定。

综合管廊两侧回填应对称、分层、均匀。管廊顶板上部 1000mm 范围内回填材料应采用人工分层夯实，大型碾压机不得直接在管廊顶板上部施工。

综合管廊回填土压实度应符合设计要求。当设计无要求时，应符合表 1-1 的规定。

表 1-1　　　　　　　　　　　　　　综合管廊回填土压实度

序号	检 查 项 目	压实度（%）	检查范围	检查组数	检查方法
1	绿化带下	≥90	管廊两侧回填土按 50 延米/层	1（三点）	环刀法
2	人行道、机动车道下	≥95			

综合管廊基础施工及质量验收除符合本节规定外，尚应符合《建筑地基基础工程施工质量验收规范》GB 50202 的有关规定。

三、现浇钢筋混凝土结构

综合管廊模板施工前，应根据结构形式、施工工艺、设备和材料供应条件进行模板及支架设计。模板及其支撑的强度、刚度及稳定性应满足受力要求。

混凝土的浇筑应在模板和支架检验合格后进行。入模时应防止离析。连续浇筑时，每层浇筑高度应满足振捣密实的要求。预留孔、预埋管、预埋件及止水带等周边混凝土浇筑时，应辅助人工插捣。

混凝土底板和顶板应连续浇筑，不得留置施工缝。设计有变形缝时，应按变形缝分仓浇筑。

混凝土施工质量验收应符合现行国家标准《混凝土结构工程施工质量验收规范》GB 50204 的有关规定。

浇筑成形工艺的优点是成形工艺简单、小批量生产灵活、产品外观光滑、漂亮、产品精度高，可生产大规格和多孔的箱涵产品；缺点是规模生产时模具投入大、产能小、工人劳动强度大，相对立即脱模工艺方式，其原辅材料、人工及其他生产成本高。异形箱涵一般采用浇筑成形。浇筑成形工艺按模具放置方向分为横向卧式和竖向立式成形。横向成形的二侧承插口随模具成形，上部平面做抹平处理，相比更容易保证箱涵的承插口精度，但由于底板注入混凝土不如竖向成形通畅，对混凝土的工作性能（主要是混凝土的和易性、流动度、引气等）要求较高。

现场明挖、浇筑施工时可根据现场实际情况进行调整，可操作性强，但施工周期长，对周围的交通、居住环境影响大。

四、预制拼装钢筋混凝土结构

预制拼装钢筋混凝土构件的模板，应采用精加工的钢模板。构件堆放的场地应平整夯实，并应具有良好的排水措施。构件的标识应朝向外侧。构件运输及吊装时，混凝土强度应符合设计要求。当设计无要求时，不应低于设计强度的 75%。

预制构件安装前，应复验合格。当构件上有裂缝且宽度超过 0.2mm 时，应进行鉴定。预制构件和现浇结构之间、预制构件之间的连接应按设计要求进行施工。预制构件制作单位应具备相应的生产工艺设施，并应有完善的质量管理体系和必要的试验检测手段。预制构件安装前应对其外观、裂缝等情况进行检验，并应按设计要求及《混凝土结构工程施工质量验收规范》GB 50204 的有关规定进行结构性能检验。

预制构件采用螺栓连接时，螺栓的材质、规格、拧紧力矩应符合设计要求及《钢结构设计规范》GB 50017 和《钢结构工程施工质量验收规范》GB 50205 的有关规定。

预制装配化涵管建设管廊的优点有：① 既可采用开槽施工，也可采用顶管施工；② 更能保证管廊质量，抗渗及工程耐久性均有提高；③ 在有水的条件下也能施工，不需降水；④ 施工工期与现浇混凝土整体式综合管廊相比缩短 45%左右，社会效益显著；⑤ 工程成本与现浇整体式综合管廊相比不增加，一般可低于现浇结构成本；⑥ 预制装配化混凝土涵管用于地下综合管廊，可明显减少钢材和混凝土用量；⑦ 预制混凝土综合管廊施工作业噪声低、现场文明、有序而整洁，具有良好的节能、环保等优势。

如图 1-6 所示，沈阳市浑南新城地下综合管廊施工时，施工方采用预制与现浇结合的施工方案，在厂站进行预制生产混凝土箱涵，在混凝土垫层施工完成后进行拼装。以 30m 一段为例，成形仅需 1d，比

图 1-6 沈阳市浑南新城地下综合管廊项目

现浇施工提前工期 14d，效率极高，受到当地政府、施工方、设计院的高度认可，充分体现了工厂预制生产混凝土箱涵的优越性。

如图 1-7 所示，在广州地铁 6m×4.3m 矩形顶管工程中，采用广州市基盛水泥制品有限公司的预制管涵进行广州地铁六号线东湖站出入口施工，此通道长度 64.5m，采用断面尺寸为宽 6m、高 4.3m 的矩形预制混凝土箱涵。仅用 4 个月时间就完成了整个通道的施工，比普通现场暗挖施工的 16 个月工期，提前了近一年时间，综合造价降低近 500 万元。另外，还有用工少、环保、无噪声等优势。

图 1-7　广州地铁 6m×4.3m 矩形顶管工程

当前，国内有不少于 80 家制管企业和装备企业开发了预制混凝土箱涵产品和装备。

预制装配式管涵的连接形式主要有两种，构件间纵向有锁紧装置（纵向串接接口）的连接和构件间无约束锁紧装置的连接。

1. 纵向有锁紧装置的连接

这种方法在涵管中预留穿筋孔道，管节安装时穿入高强度钢筋螺杆或钢绞线，经张拉锁紧，管节就被串联成有一定刚度的整体管道，用以抵御基础不均匀沉降。因各节涵管间纵向具有压力，故此类管道常用涵管端面压缩胶圈形式形成接口密封，如图 1-8 所示。接口密封材料需用遇水膨胀胶圈。

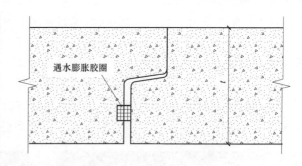

图 1-8　端面压缩胶圈密封形式

管节连接的锚固孔及操作如图 1-9 和图 1-10 所示。纵向串接可以在两个管节之间连接，也可在施工条件允许下，在多个管节间实施连接，以减少操作工序，加快施工工程进度。实施多个构件预应力张拉连接时，沟槽需在管节端部预留足够的操作空间。

纵向串接还有另外几种方式，即搭板连接、螺栓连接、嵌槽螺栓连接。这些方式主要用于接口有抗渗防漏要求的小型箱涵。

（1）搭板连接型：两节箱涵间以钢板连接。如图 1-11 所示，采用钢板搭接，可防止箱涵管节间相对位移，保证接口的抗渗性能。

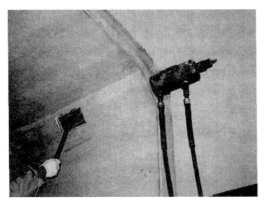

图 1-9　预制混凝土箱涵纵向预应力钢筋张拉连接方法

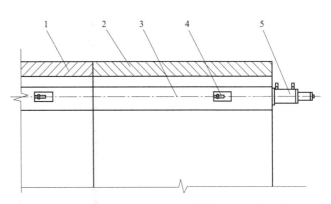

图 1-10　以纵向预应力钢筋螺杆连接的预制混凝土箱涵
1—箱涵 A；2—箱涵 B；3—预应力钢筋；4—锚固螺母；5—张拉油缸

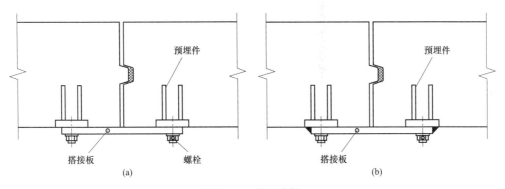

图 1-11　搭板连接
（a）焊接连接；（b）螺栓连接

（2）螺栓连接：箱涵两端预留孔洞，安装时插入连接支架并以螺栓连接，如图 1-12 所示。

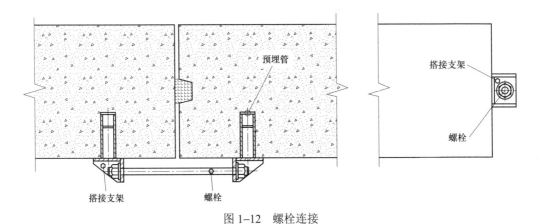

图 1-12　螺栓连接

（3）嵌槽螺栓连接：箱涵两端预留嵌槽，安装时插入连接螺栓，以螺栓连接，如图 1-13 所示。

构件间有约束锁紧装置接口的特点如下：

优点：① 涵管制作简单，无需制作承插口；② 端面只需保证平整、平行，尺寸精度要求低；③ 在地基和基础具有足够承载力条件下，涵管不发生沉降，接口胶圈压缩率由纵向压缩筋控制，压缩率在运行期间变化小；管道内刚性管线沉降内力小；④ 管道整体刚度大，接口不发生位移和转角；⑤ 安装速度快。

缺点：① 对管道地基、基础要求高。以构件间有约束锁紧装置接口的管道，难以设置沉降缝，管

图 1-13 嵌槽型螺栓连接示意图

道运行过程中不可避免会发生地基沉降，涵管断面内必将引起内应力，严重时涵管会折断。② 纵向连接成整体，不适宜顶进法施工，管道纠偏难于实现，管底也容易出现悬空现象；③ 需用纵向高强度钢筋或钢绞线进行预应力操作纵向加压，增加施工费用和延长施工作业时间。

2. 构件间无约束锁紧装置的连接

管节间不带纵向锁紧装置，依赖承口与插口工作面的间隙压缩胶圈密封涵管的接口，因而也称之为"工作面压缩胶圈密封"形式。

构件间无约束锁紧装置的连接管节，又分为刚性接口和柔性接口方式。接口形式主要有小企口接口、大企口胶圈密封接口和钢承口接口三种。

（1）小企口接口：用砂浆或弹性材料密封，如图 1-14 所示。

（2）大企口胶圈密封接口：分为带胶圈槽的接口和无胶圈槽接口、单胶圈密封和双胶圈密封接接口。

（3）钢承口接口：与大企口密封接口相同，可分为带胶圈槽的接口和无胶圈槽接口、单胶圈密封和双胶圈密封接接口。

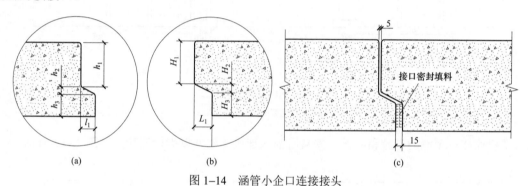

(a)　　　　　　　(b)　　　　　　　(c)

图 1-14　涵管小企口连接接头

（a）小企口接口的插口；（b）小企口接口的承口；（c）小企口接口连接形式

构件间无约束锁紧装置接口连接方式的特点如下：

优点：① 涵管安装施工简单，不需作预应力操作，省去预应力器材，费用减少；② 接口为柔性接口，可以适应一定程度的位移和转角接口不渗漏；③ 降低对地基、基础的要求，一般可以直接铺设在素土平基或砂石垫层上；④ 地基基础越软，底板中内力越小，反而提高涵管承载能力；⑤ 可用于开槽施工，也可用于顶管施工；⑥ 可用普通胶圈为密封材料；⑦ 施工速度快；⑧ 管道工程费用低。

缺点：① 工作面尺寸精度要求高，承插接接口制作难度大；② 安装施工时，涵管安装对中费时，需用纵向推力（或拉力）装置进行安装。

预制箱涵按装配形式分为四种：① 整体式；② 拼块式；③ 门式；④ 盖板式。如图 1-15 所示。

混凝土箱涵体积大、重量大，施工安装方法要保证质量，管节安装时对中要精确，胶圈应装配到位，压缩率符合设计要求，底面不得有悬空现象。

五、预应力工程

预应力筋张拉或放张时，混凝土强度应符合设计要求。当设计无要求时，不应低于设计的混凝土立方体抗压强度标准值的 75%。预应力筋张拉锚固后，实际建立的预应力值与工程设计规定检验值的相对允许偏差应为 ±5%。后张法有粘结预应力筋张拉后应尽早进行孔道灌浆，孔道内水泥浆应饱满、密实。锚具的封闭保护应符合设计要求。当设计无要求时，应符合现行国家标准《混凝土结构工程施工质量验收规范》GB 50204 的有关规定。

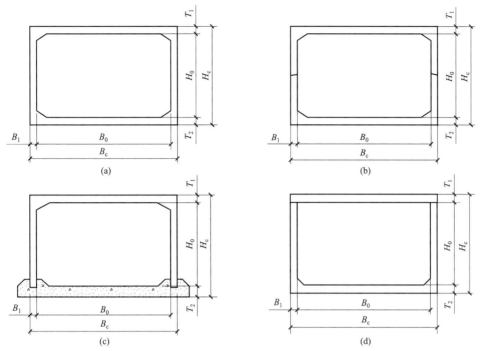

图 1-15　预制装配化钢筋混凝土箱涵结构形式
（a）整体式；（b）拼块式；（c）门式；（d）盖板式

六、砌体结构

砌体结构所用的材料应符合下列规定：① 石材强度等级不应低于 MU40，并应质地坚实，无风化剥落层和裂纹。② 砌筑砂浆应采用水泥砂浆，强度等级应符合设计要求且不应低于 M10。

砌体结构中的预埋管、预留洞口结构应采取加强措施，并应采取防渗措施。

砌体结构的砌筑施工应符合现行国家标准《砌体结构工程施工质量验收规范》GB 50203 的相关规定和设计要求。

七、附属工程

综合管廊预埋过路排管的管口应无毛刺和尖锐棱角。排管弯制后不应有裂缝和显著的凹瘪现象，弯扁程度不宜大于排管外径的 10%。

电缆排管的连接应符合下列规定：① 金属电缆排管不得直接对焊，应采用套管焊接的方式。连接时管口应对准，连接应牢固，密封应良好。套接的短套管或带螺纹的管接头的长度，不应小于排管外径的 2.2 倍。② 硬质塑料管在套接或插接时，插入深度宜为排管内径的 1.1～1.8 倍。插接面上应涂胶黏剂粘牢密封。③ 水泥管宜采用管箍或套接方式连接，管孔应对准，接缝应严密，管箍应设置防水垫密封。

支架及桥架宜优先选用耐腐蚀的复合材料。电缆支架的加工、安装及验收应符合《电气装置安装工程电缆线路施工及验收规范》GB 50168 的有关规定。

仪表的安装及验收应符合《自动化仪表工程施工及质量验收规范》GB 50093 的有关规定。

电气设备、照明、接地施工安装及验收应符合《电气装置安装工程电缆线路施工及验收规范》GB 50168、《建筑电气工程施工质量验收规范》GB 50303、《建筑电气照明装置施工与验收规范》GB 50617 和《电气装置安装工程接地装置施工及验收规范》GB 50169 的有关规定。

火灾自动报警系统施工及验收应符合《火灾自动报警系统施工及验收规范》GB 50166 的有关规定。

通风系统施工及验收应符合《风机、压缩机、泵安装工程施工及验收规范》GB 50275 和《通风与空调工程施工质量验收规范》GB 50243 的有关规定。

八、管线

电力电缆施工及验收应符合《电气装置安装工程电缆线路施工及验收规范》GB 50168 和《电气装置安装工程接地装置施工及验收规范》GB 50169 的有关规定。

通信管线施工及验收应符合《综合布线系统工程验收规范》GB 50312，《通信线路工程验收规范》YD 5121 和《光缆进线室验收规定》YD/T 5152 的有关规定。

给水、排水管道施工及验收应符合《给水排水管道工程施工及验收规范》GB 50268 的有关规定。

热力管道施工及验收应符合《通风与空调工程施工质量验收规范》GB 50243 和《城镇供热管网工程施工及验收规范》CJJ 28 的有关规定。

天然气管道施工及验收应符合《城镇燃气输配工程施工及验收规范》CJJ 33 的有关规定，焊缝的射线探伤验收应符合现行行业标准《承压设备无损检测　第 2 部分：射线检测》JB/T 4730.2 的有关规定。

第二章 明挖法地下管廊施工

第一节 明挖法地下管廊施工概述

一、施工原理与适用性

在地面建筑少、拆迁少、地表干扰小的地区修建浅埋地下工程通常采用明挖法，明挖法按开挖方式分为放坡明挖和不放坡明挖两种。放坡明挖法主要适用于埋深较浅、地下水位较低的城郊地段，边坡通常进行护面防护、锚喷支护或土钉墙支护。不放坡明挖是指在围护结构内开挖，主要适用于场地有限及地下水较丰富的软弱围岩地区，围护结构形式主要有地下连续墙、人工挖孔桩、钻孔灌注桩、钻孔咬合桩、SMW工法桩、工字钢桩和钢板桩围堰等。

明挖法施工难度小，容易保证质量，工期短，造价低，因此在早期的地下工程施工中应用较多。但由于该法占地多、拆迁量大，影响交通，噪声污染严重，且随着浅埋暗挖法施工技术的成熟和盾构法的引进，明挖法在地下工程修建中应用逐渐减少。目前在国内外地下工程修建中，明挖法主要应用于大型浅埋地下建筑物的修建和郊区地下建筑的修建，而且逐渐演化成盖挖和明暗挖结合的施工方法，但总体来讲，明挖法在地下工程建设中仍是主要施工方法。

二、施工方法概述

明挖法从地面向下分层、分段依次开挖，直至达到结构要求的尺寸和高程，然后在基坑中进行主体结构施工和防水作业，最后回填恢复地面。实际工程施工方法，根据工程地质条件、开挖工程规模、地面环境条件、交通状况等确定。

放坡明挖法取决于开挖地层的稳定性和周边环境条件。为了防止坍塌保证施工安全，将基坑边壁开挖成斜坡，以保证土坡的稳定，工程上称为放坡开挖。

不放坡明挖有围护结构，常见的以钻孔灌注桩加桩间网喷为围护结构，钢支撑钢围檩为内支撑体系，采取降水井辅助施工的方法，利用挖掘机、重型自卸汽车在围护支撑结构体系内进行分层，分段土方开挖，期间穿插网喷支护，钢支撑围檩的架设等以确保基坑处于安全受控状态。

三、施工工艺流程

基坑明挖施工采用"纵向分段、竖向分层、左右对称、先支后挖"的方法；放坡明挖法基本流程如下：

第一步：从开挖起点分段开挖，开挖至地面下2～3m处，并在两侧边坡处留设短台阶，施作土钉墙，如图2-1所示。

第二步：在施作第一层边坡土钉墙同时，从开挖起点分段进行中间拉槽开挖（含两侧预留短台阶的土方开挖），开挖至放坡中间平台高程，如图2-2所示。

第三步：第一层土钉墙施工完毕后，从开挖起点分段开挖两侧土方，土方直接装车从马道运走，并在两侧边坡处留设短台阶，施作土钉墙，如图2-3所示。

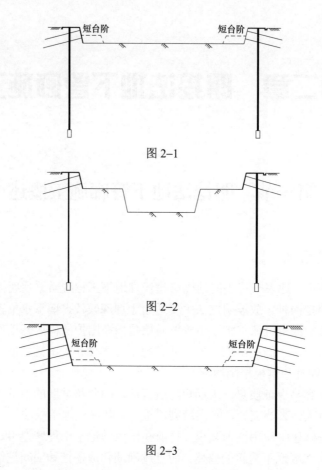

图 2-1

图 2-2

图 2-3

第四步：最后循环以上步骤开挖至基底，基底以上 30cm 土方人工检底，如图 2-4 所示。

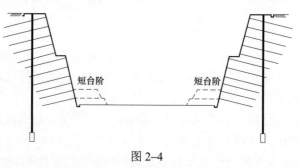

图 2-4

有围护结构明挖法基本流程如下：

第一步：从两端起分段开挖，至第一道支撑下 1.0m 设计高程，如图 2-5 所示。

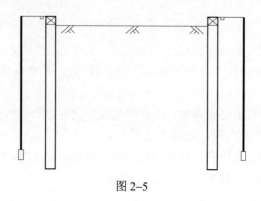

图 2-5

第二步：从两端起分段进行中间拉槽开挖，至第二道钢支撑下 1.0m 设计高程，紧跟其后施作第一道钢支撑，如图 2-6 所示。

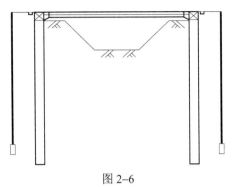

图 2-6

第三步：向开挖起点分段开挖第二层两侧土方，紧跟其后施作第二层钢围檩，如图 2-7 所示。

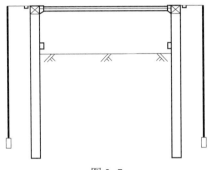

图 2-7

第四步：从两端起分段进行中间拉槽开挖，至第三道钢支撑下 1.0m 设计高程，紧跟其后施作第二道钢支撑，如图 2-8 所示。

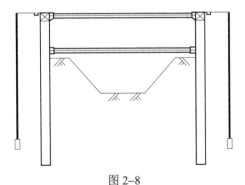

图 2-8

第五步：循环上述步骤分段开挖至基底以上 30cm 人工检底，如图 2-9 所示。

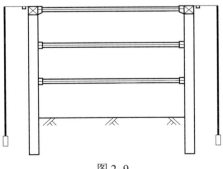

图 2-9

第二节　某环隧工程第一标段施工实践

一、项目施工特点及重点

1. 工程概况

该环隧工程主隧道全长 1.5km，进出口通道长 1.2km，两条连接道长 2.5km。整个工程包含道路、交通、隧道结构、排水、照明、监控、通风、消防工程及其他附属配套工程。该工程属于该环隧工程第一标段，主隧道长度 443.111m，出入口通道总长度 221.38m。其位置示意图与工程效果图如图 2-10 和图 2-11 所示。

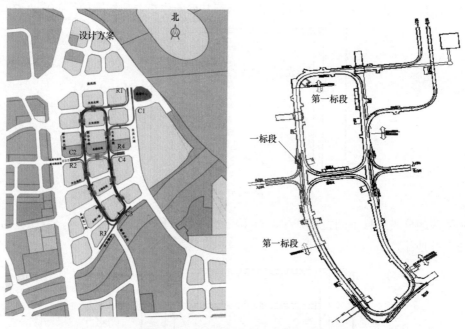

图 2-10　某环隧工程第一标段位置示意图

图 2-11　工程效果图

2. 设计概况

本标段包含主隧道段、车道出入口通道段、U形槽段、附属结构，各部分的位置和结构形式各不相同，该标段具体平面设计如图2-12所示。

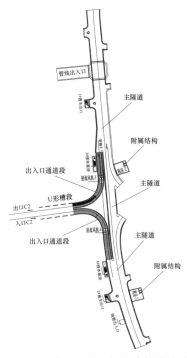

图2-12　某环隧工程第一标段功能设计示意图

主隧道为地下三层结构，基础埋深为-18m左右，联络道隧道为地下一层结构，基础埋深为-12m左右。主隧道基坑支护结构设计为桩锚支护形式，出入口通道设计为土钉墙支护形式。断面形式主要为矩形，如图2-13～图2-17所示。

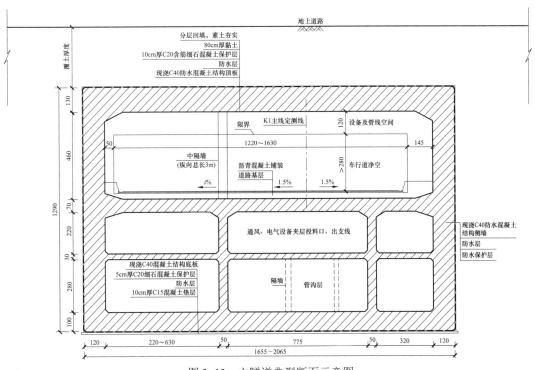

图2-13　主隧道典型断面示意图

图 2-14　工程效果图

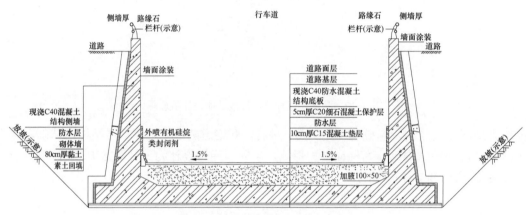

图 2-15　U 形槽段典型断面示意图

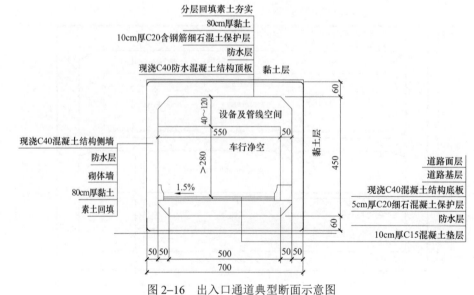

图 2-16　出入口通道典型断面示意图

图 2-17 出入口通道效果图

3. 水文地质

该工程拟建场地附近分布的地表水位于最南侧，距本场地约 25.0m。根据已有资料和钻探揭露的地层资料，第四纪地层厚度（相当于基岩埋深）约 400m，自然地面以下至基岩顶板之间的第四纪地层岩性为黏性土、粉土及砂土、卵砾石土层。按照地层沉积年代、成因类型、地层岩性及其物理力学性质对地层进行划分，共划分为 8 个大层及亚层。该工程场地钻孔内实测到 2 层地下水，第 1 层地下水静止水位标高为 13.42～16.21m（埋深 4.60～9.80m），地下水类型为潜水-承压水；第 2 层地下水静止水位标高为 8.99m（埋深 14.90m），地下水类型为承压水。

4. 特点及重点

（1）该隧道设计线路长，隧道断面较小，尤其是夹层及地下三层的管廊层，分为五个仓，最小的仓空间宽度仅为 1.8m，因此，通廊的内装修、机电安装、路面施工相互之间会产生较大的影响和制约。

（2）周转材料短时间投入量大，拆除退场任务繁重。该工程为地下环形隧道工程，主隧道设计为三层结构，地下三层为综合管廊，地下二层为设备夹层投料口、出支线，地下一层为车行道。三层结构的脚手架和模板需要同时配置，无法周转，其中模板需求量约 25 000m²，碗扣架需求量约 1570t，需求量大且需要时间组织进场。整个环隧工程设计有四处出入口，工程划分为四个标段，每个标段设计一处出入口。由于整个工程同时开工建设，每个标段均无条件在标段衔接端口再预留出入口，为此，较长战线的隧道施工完成后，模架的拆除、退场量非常大，而且模架退场时间集中。

二、主要施工过程

该工程承包范围内的主要施工项目包含隧道及通道、出入口的基坑降水、护坡、土方开挖、混凝土结构、土方回填、机电安装、道路铺筑、装修以及交通标志标识等。承包范围以外的市政管线接入、地面道路施工、雨污水管线施工以及绿化施工等，总体工程按照业主的要求，按照以下总体施工流程组织施工。第一标段施工总体流程如图 2-18 所示。

根据该工程的施工内容和特点，划分为五个施工阶段，各阶段划分和阶段的施工内容和重点见表 2-1。

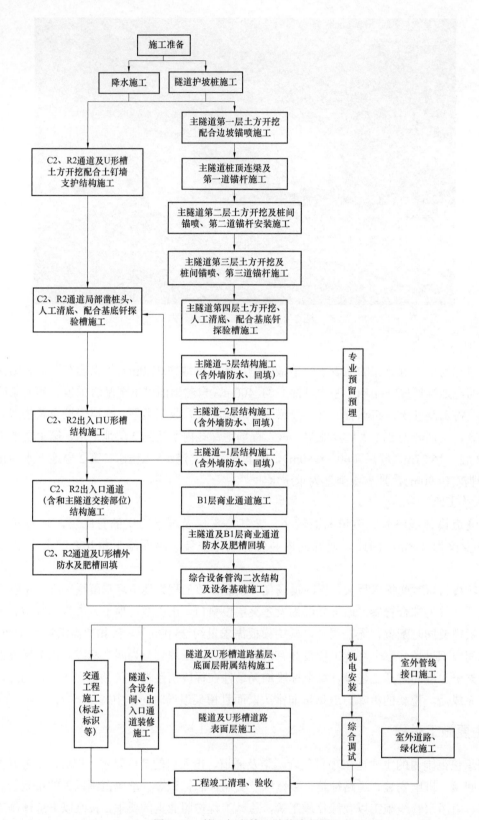

图2-18 第一标段施工总体流程图

表 2-1　　　　　　　　　　　施 工 阶 段 划 分 表

序号	施工阶段	施工管理内容	重　点
第一阶段	施工准备阶段	包含测量控制网建立、地面线测量、机械进场、场地平整、施工平面布置、临建建设以及各项技术准备等	重点做好基坑方案的设计及论证，场地的量测，施工现场平面布置
第二阶段	基坑施工阶段	包括降水、护坡桩、锚杆、土方开挖、土钉墙、塔吊基础施工等	重点做好降水、护坡以及土方的施工衔接和配合，尤其是土方开挖与锚杆安装的配合。做好雨期基坑施工的各项措施。做好基坑的监测工作
第三阶段	结构施工阶段	主隧道结构、出入口通道、管线出入口、各类机房、泵房等施工，防水、肥槽碎石注浆、锚杆拆除等施工	重点做好施工段的划分、流水作业的组织，各道工序的衔接。选择塔吊，方便、快捷地保证材料的垂直运输。做好出入口通道和主隧道交界处施工安排
第四阶段	装修及机电安装施工、机电专业调试阶段	二次结构、机房装修、机电管线安装、路面施工、土方回填、交通标志、道路管线和绿化等	重点尽快组织脚手架、模板的拆除和清理，为后续施工创造作业面，分组织好装修、机电、路面施工等各施工项的交叉施工及相互配合工作。提前规划和设置管线吊装口，保证机电管线能顺利进入管廊层。组织好机电系统的调试
第五阶段	专业验收和竣工验收阶段	包括机电系统、道路、竣工验收等各项验收	重点做好机电系统、道路等专项验收，为工程竣工验收创造条件

三、重点施工节点总结

1. 基坑施工阶段

本标段隧道包含 443.111m 主隧道，约 221.38m 的出入口通道，其现场施工图如图 2-19 所示。本标段主隧道设计为地下三层结构，局部设置两处商业连通道为地下四层结构；设计一处 R2 入口和一处 C2 出口，两个口在地面端头合并为一个 U 形槽，另一端分别与主隧道行车道相接，出入口通道为地下一层结构；隧道沿线设置包含排水泵房、机房、与相邻地块相连的汽车出入口、逃生通道、综合管沟接口等附属结构物。

基坑土方开挖根据结构施工划分的施工区，并结合预留的出入口和管线预留通道位置，本着均衡、快捷出土的原则，设置两个挖土施工区，三条正式马道、两条临时马道，同时挖土作业，由马道远端至近端出土。主隧道与出入口通道基坑同时施工，但是出入口通道要留置 300mm 厚土暂不开挖，待主隧道结构施工完地下二层结构，锚杆拆除后，临近主隧道出入口通道部位及时进行该处桩头及冠梁的凿除，局部土方的开挖清运时一起开挖。其综合设备管沟施工如图 2-20 所示。

基坑开挖遵循"由上而下，先撑后挖，分层开挖"的原则，运用"时空理论"采用"竖向分层、纵向分段、纵向拉槽、横向扩边"的开挖方法。每一段土方从上到下分层开挖，开挖时及时架设锚杆。

图 2-19　现场施工图

图 2-20　综合设备管沟施工

2. 结构施工阶段

结构施工本着均衡、快捷出土的原则，划分为三个施工区，每个施工区内划分若干施工流水段，按照区域平行作业、区内流水作业的方式组织施工，其施工现场图如图2-21所示。

结构施工按照自下而上的顺序组织，为加快总体工程施工进度，与出入口通道相接地段优先安排地下二层、三层结构施工，及早回填。临近主隧道出入口通道部位在主隧道地下二层肥槽回填完毕后，及时进行该处桩头及冠梁的凿除，局部土方的开挖清运，基底钎探验收，垫层、防水及保护层施工，待主隧道一层结构施工完毕后，及时清理外墙模架，为C2、R2出入口通道及U形槽结构施工提供条件。

每个施工区设置一台55m或50m臂长的塔吊，保证主隧道三层结构的材料运输方便、快捷，并减少对基坑边坡的不利影响。

结构施工安排三个结构作业队，对应三个防水作业面和一个肥槽注浆作业面。每个作业队负责一个施工区范围的施工，并各自独立配置钢筋、模板加工区和周转材料存放区。

结构施工南侧马道暂时保留，综合设备管沟夹层在车行道出口下墙体预留洞口，作为综合设备管沟及夹层模板清运通道，装修阶段后期封堵。

模架拆除通道设置：综合设备管沟及夹层通道内模架拆除设置两个出口，为综合设备管线接口的吊装口和南侧预留的马道，车道层内模架拆除设置一个出口，为C2、R2出入口通道。

图2-21　结构施工现场

3. 装修及机电安装施工、机电专业调试阶段

该阶段需要在模板全部拆除完毕后进行，根据各层功能不同分层部署。

综合设备管沟模板先行拆除，拆除完毕后及时插入二次结构及设备基础施工。然后，进行专业管线的施工。

车道层及综合管沟夹层模板后拆除完；车道层结构在模板拆除后，紧接进行路面结构层施工，其中钢渣回填，排水沟路缘石、检修道路、地面层先行进行施工，沥青混凝土面层铺装则在全线贯通后统一安排施工，有利于面层质量和成品保护。车道层及综合管沟夹层（机房等）装修及专业施工在钢渣回填完毕后进行。

车道层由于工序多，需要根据工作面穿插施工。综合设备管沟及夹层、设备间等可以按照工序流水施工。施工分为A、B两个施工区，两个施工区基本上平行施工，以R2、C2出入口处位置划分。

地下三层综合设备管沟及夹层材料主要从管线出入口处吊装口通过卷扬机运输，水平方向通过管道夹层运输，利用投料口向综合设备管沟运送材料。地下一层车道层材料通过R2、C2出入口运送。

建成后的地下行车隧道如图 2-22 所示。

图 2-22 建成后的地下行车隧道

四、项目施工经验总结

1. 基坑降水设计

根据水文地质资料分析，第二层潜水–承压水与基坑施工有关，而且此层水主要为承压状态，统计实测水位埋深 9.9m，标高 14.02m，主要赋存于地层剖面中的细砂、中砂④层、圆砾④2 层、粗砂④4 层和粉砂④5 层中，施工时主要为降低④层中的承压水头至基坑以下 0.5m，确保干槽作业。

根据上述特点，依据本地区类似工程经验，采取以管井井点降水的降水方案。即沿基坑四周在距基坑开挖上口线 1~1.5m 外均匀布置降水井，井深 30m。降水井间距 10m，隧道两侧范围布置降水井，井身构造：井深选择为 30m，井径 600mm，井管 ϕ400mm 无砂混凝土管，过滤器与井管材料相同，孔隙率为 25%~30%，滤管外包一层 60~80 目尼龙网，滤料：粒径为 3~5mm 圆砾。

2. 基坑围护结构向基坑侧产生较大位移

出现这种情况主要是因为明挖基坑未能分层开挖、分层支护或一次开挖高度过大。开挖过程中出现围护结构变形过大或变形速率过快时，立即采取以下处理措施：

（1）停止开挖。

（2）尽快回填超挖土方或堆土反压，或采用应急补强措施加设应急支撑，所有支撑连接处均应垫紧贴密，防止支撑偏心受压，以控制基坑变形发展。

3. 基坑开挖引起涌土或坑底隆起失稳

基坑涌土或基底隆起失稳主要因为基坑内外水位差异较大，围护结构未进入不透水层或嵌固深度不足，引起土体失稳。对此，采用以下处理措施：

（1）立即停止基坑内挖土，必要时可进行基坑堆料反压。

（2）基坑开挖后立即钎探、验槽，及时施作坑底混凝土垫层。

（3）对基底实施注浆加固。

第三节 某综合管沟施工实践

一、项目特点及重点

1. 项目概况

本项管沟全长 2171.5m，所在地理位置如图 2-23 所示。

图 2-23 某综合管沟地理位置示意图

管沟线位于规划鲁疃西路西侧机动车道下,平行于道路中线布置,其结构中心线与道路中心线相距 12m,穿越温榆河处需绕行,其结构中心线与道路中心线相距 59.15m。

2. 设计概况

(1)主体结构。

鲁疃西路综合管沟横断面分四仓布置,自左向右分别为电仓Ⅰ、电仓Ⅱ、水+电信仓、热力仓。

管沟结构形式均为整体浇筑的现浇钢筋混凝土结构,标准段为 4 孔闭合框架结构,宽 14.05~14.15m,高 3.8~4.3m,覆土范围 2.5~9m,其基底高程在场平高程以下 6~13m;深埋节点段为现浇钢筋混凝土结构,其覆土范围 6~9m,基底高程在场平高程以下 9~13m。

主体结构混凝土为 C35、S6,垫层为 C15(厚 10cm)。结构底板防水采用聚酯胎双面自黏改性沥青防水卷材(厚 3mm),顶板、侧墙采用无胎体单面自粘改性沥青防水卷材(厚 1.5mm)。防水层外侧满包油毡 2 层。

结构变形缝最大间距:标准段 15m,节点 23m,缝宽 30mm,变形缝处设置钢筋混凝土垫梁及橡胶止水带。管沟结构采用明挖法施工。

管沟标准横断面如图 2-24 所示。

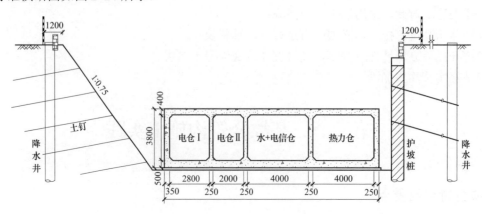

图 2-24 管沟标准横断面示意图

（2）附属结构。

本标段管沟附属结构包括6座排风井、6座进风井、10座电力检查井、11座投料口、2座人员出入口。

人员出入口为整体现浇钢筋混凝土结构，设置在管沟正下方，管沟底板每仓在人员通道两侧各设置一个人员出入楼梯间，该处管沟结构与人员通道共构。

排风井和进风井为整体现浇钢筋混凝土结构，设置在管沟正上方，管沟顶板设置通风孔，该处管沟结构与风井结构共构。

投料口为整体现浇钢筋混凝土结构，设置在管沟正上方，管沟顶板设置投料孔，该处管沟结构与投料口结构共构。

电力检查井为整体现浇钢筋混凝土结构，设置在管沟两个电力仓的正上方，管沟顶板设置投料孔，该处管沟结构与电力检查井结构共构。

3. 水文地质

（1）地层情况。

该段地层可分为人工填土、新近沉积、一般第四系沉积物，从上至下为：

人工填土：包括①粉质黏土素填土、①1碎石土、①2卵石填土、①3淤泥填土。

新近沉积：包括②粉质黏土、②1粉土、②2细砂、②3细-中砂、②4淤泥粉质黏土、③黏土、③1粉土、③2粉质黏土、③3细砂。

一般第四系沉积物：包括④黏土、④1粉土、④2细砂。

（2）地下水情况。

沿线遇多层地下水，类型为空隙潜水：第一层为层间潜水，水位埋深一般3～4m，含水层为②2细砂；第二层为孔隙潜水，水位埋深一般7m，含水层为②3细-中砂；第三层为孔隙潜水，水位埋深一般13m，含水层为③4细砂；第四层为孔隙潜水，水位埋深一般25m，含水层为2细砂；第五层为孔隙潜水，水位埋深一般30～35m，含水层为细砂。

4. 特点及重点

（1）治水、防水，做好管沟结构的防水处理，保证管沟结构安全。

本标段管沟结构采用明挖施工，而地下水位普遍高于结构底板标高，因此，土方开挖前的治水、施工过程中的防水是管沟结构施工需要关注的重点，将贯穿于结构施工的始终。

在结构施工过程中，重点做好以下几点：

1）加强对结构自身防水混凝土配比的监督管理，保证结构混凝土本身的抗渗等级达到设计要求。

2）严格按照设计图纸对结构进行防水处理，选派专业队伍施工，保证防水卷材的铺贴质量，保证外防水效果。

3）注重对施工缝和变形缝的处理，严格按照设计图纸安装止水钢板和止水带，按照规范要求对施工缝进行处理。

4）加强对止水带安装质量监管，保证止水带安装位置正确，在混凝土浇筑过程中不发生位移、变形的现象。

5）施工中注意对卷材端部甩槎的保护，防止撕断、扯破或被钢筋刺破。

6）防水层施工完毕，及时浇筑防水保护层，避免长时间暴露或暴晒。

7）在回填土过程中注意保护防水层，防止石块、硬物或夯压机械破坏防水层。

（2）做好施工监控、量测工作，确保基坑安全、结构安全和周边构筑物安全。

施工监控量测是实现地下工程动态设计的重要手段和有机组成部分，对地层和支护结构进行动态监测，为施工提供可靠的信息，能及时调整设计参数，科学指导施工，为施工安全和经济性提供有力保障。

监控项目包括地层及支护观察、桩体水平位移及挠曲、地表沉降、桩顶沉降、锚索的轴力以及腰梁的变形、地下水位观测、基坑渗漏水情况、邻近地下管线沉降和变形、周边建（构）筑物沉降及倾斜，通过全面地监控、量测，及时反馈信息，及时调整施工方案，保证基坑安全、结构安全和周边构筑物安全。

（3）做好施工缝的处理工作，保证管沟结构的整体性和完整性。

本项目管沟结构采取分步浇筑的方式，施工缝成为结构施工质量的薄弱环节，一方面容易出现跑浆、漏浆的外观缺陷；另一方面，容易产生两次混凝土衔接不够紧密，成为结构内在质量的薄弱点。

在模板设计和支撑体系上下功夫，保证两次模板拼缝严密，支撑可靠，不变形、不胀模，避免跑浆、漏浆现象发生。

在第二次混凝土浇筑前，安排专人进行施工缝的处理工作，并浇筑同强度等级砂浆，使两次浇筑的混凝土衔接紧密。

二、主要施工过程

1. 施工区划分

本项目设 4 个施工区，每个施工区包含主体结构约为 30 仓，各施工区里程桩号范围见表 2-2。

表 2-2　　　　　　　　　　各施工工区里程桩号范围表

施工区	桩 号 范 围	施工区	桩 号 范 围
1 施工区	0+000～0+462.5	3 施工区	1+286.5～1+736.5
2 施工区	0+828.2～1+286.5	4 施工区	1+736.5～2+171.5

2. 施工部署

拆迁到位后，立即安排降水井和护坡桩的施工，4 个施工区降水和护坡桩施工同步进行；护坡桩完成且地下水位确认已降至基坑底以下不少于 50cm 后，安排土方开挖和边坡支护作业。

土方开挖时，4 个施工区同步推进，每个施工区设一条马道；马道设在施工区中部，土方分别从施工区两端向中部马道位置逐步开挖，当至少 3 仓基坑成形后，即可安排管沟主体结构施工。

在管沟结构施工阶段，4 个施工区同步进行，施工区内部采取流水作业的模式，以加快施工进程。

管沟主体侧墙顶板拆模后，管沟内部安排装饰装修、通风、电气、消防工程施工，管沟外侧安排土方回填。

3. 施工总体进度计划表（表 2-3）

表 2-3　　　　　　　　　　施工总体进度计划表

序号	主 要 项 目	时间/d	序号	主 要 项 目	时间/d
1	施工准备	6	7	电气、通风、消防工程	60
2	降水及护坡桩施工	147	8	结构附属工程	85
3	土方开挖及支护	87	9	过路涵改造	14
4	垫层混凝土浇筑	97	10	结构回填	86
5	管沟底板施工	109	11	交工验收	9
6	管沟侧墙顶板施工	119			

三、重点施工节点总结

1. 边坡支护设计（图 2-25）

该工程基坑临近道路侧安全等级为 Ⅱ 级，分项系数为 1.0；其余位置安全等级为 Ⅲ 级，分项系数 0.9。

地面边载按照 20kPa 考虑，要求边载距离基坑上口不少于 2.0m，预留肥槽 800mm。

将基坑支护分为两种支护类型，即临近道路侧采用锚杆+护坡桩进行支护，并根据槽底标高的不同分成不同的支护区域；其余位置采用土钉墙支护，并将依据不同支护深度进行支护。

（1）锚杆+护坡桩支护区域。

将桩顶标高和连梁顶标高设置于统一标高处。桩顶设一道矩形冠梁，连梁尺寸为 800mm（宽）×500mm（高），连梁配筋为 6ϕ22（内外侧）+2ϕ16（上下侧），通长配筋；箍筋ϕ6.5@200。

桩身主筋伸入连梁内不少于 450mm，混凝土强度为 C25，钢筋保护层厚度为 35mm。护坡桩桩径ϕ800mm，桩间距 1.6m，桩身混凝土强度为 C25。桩身主筋通长均配置 13ϕ22 钢筋，箍筋为ϕ6.5@200，固定圈筋为ϕ16@2000，其中预留不少于 450mm 主筋锚固于连梁，主筋保护层厚度为 50mm。

根据基坑的不同深度设置一道或两道锚杆。第一道和第二道锚杆设置在桩顶冠梁下一定位置，以 2 根 22b 工字钢并联作为腰梁，利用 300mm×300mm×25mm 钢板作为垫板对锚头进行张拉锁定。锚杆孔径为 150mm，自由段长度为 5.0m，倾角 15°，锚索选用 2 束 1860MPa 预应力钢绞线，施加 70%的预应力。

为确保桩间土的稳定，于桩间挂成品钢丝网，按照垂直间距 1.2m 的距离水平向桩身预凿钻孔埋置膨胀螺栓或直接埋入横压筋，焊接 1ϕ14 钢筋压牢钢丝网；同时在护坡桩中间对应连梁位置预留钢筋端头，焊接钢筋，形成竖向拉筋，压牢网片并喷混凝土处理，喷射混凝土厚度为 30～50mm，强度 C20。

图 2-25 边坡支护现场图

（2）土钉墙支护区域。

根据不同的基坑深度进行不同的支护设计：对于 8.0m 以内的基坑边坡按照 1:0.75 放坡，对大于 8.0m 的基坑边坡按照 1:1 放坡。

土钉孔径ϕ100mm，第一排土钉距地面为 1.5m，土钉垂直间距为 1.5m，水平间距为 1.5m。

深度为 8m 以内的基坑，1～5 排土钉长度（含弯钩）从上至下依次为 4.5m、6.0m、6.0m、6.0m、4.5m；深度大于 8.0m 的基坑，1～6 排土钉长度（含弯钩）从上至下依次为 4.5m、6.0m、6.0m、6.0m、6.0m、4.5m，

各排均采用 $\phi16$ 钢筋作为中心拉杆，倾角均为 $10°$，其内灌注水灰比为 $0.45\sim0.55$ 的浆液，喷锚面层为 $\phi6.5@250mm\times250mm$ 钢筋网，利用 $1\phi14$ 钢筋作为横向压筋，喷射 80mm 厚的 C20 细石混凝土。

槽边边缘的土钉墙面板在基槽上口处向外翻边为 0.8m，翻边返坡 0.01:1。

根据不同部位基坑的不同深度以及周边构筑物情况，全线设置 8 个剖面。基坑支护包括放坡、土钉墙、护坡桩支护、锚杆支护及桩间护壁、桩顶冠梁。

2．管沟结构施工

（1）施工工艺流程。

施工准备→降水及护坡桩施工→土方开挖及基坑围护→垫层混凝土浇筑→底板防水施工→底板钢筋模板安装→底板混凝土浇筑→侧墙顶板钢筋模板安装→侧墙顶板混凝土浇筑

对于人员出入口、进风井、排风井、投料口、电力检查井、各节点部位结构，设计为地下二层并有附属结构，需根据其具体结构形式确定混凝土浇筑方案，以及钢筋模板的安装方案。

管沟结构采取分段施工方式，跳仓浇筑，正常段每仓长度约为 15m，节点长度最大不超过 23m。

（2）模板工程。

该工程使用的模板以大幅酚醛覆膜胶合板为主，保证混凝土表面光滑、平整；结构八字、加腋等局部采用定型钢模板拼装，确保边角部位形状、尺寸准确。模板在使用前先刷水溶性脱模剂。背撑横枋、立枋选用方木及工字钢。

根据结构形状及其受力特点，管沟模板分为底板模板和侧墙顶板模板两次安装；各节点结构根据其不同的结构形式分多次安装。

钢模板使用后及时清理，并且涂刷脱模剂，因为本方案钢模没有支腿，所以如果立放时，必须搭设稳固的模板插放架。平放时下面垫 100mm×100mm 方木，并且只准单层码放，防止钢模互相挤压变形。

拆除模板时拆下的扣件、螺栓等应及时集中整理。

四、项目施工经验总结

明挖法施工（图 2-26）具有以下优点：① 土建造价相对较低，施工快捷；② 适合多种不同的地质条件，可以有效地减少线路的埋深；③ 施工工艺简单，技术成熟，施工安全，工期短，施工质量易保证；④ 防水方法简单，质量可靠。

明挖法的缺点：① 施工时对周边环境和交通影响大；② 引起大量拆迁；③ 工程综合造价较深埋条件下矿山法的高。

图 2-26　明挖法施工现场图

第四节　某市政综合管廊施工实践

一、项目特点及重点

1．项目概况

地下交通联系通道工程是奥体南区地下公共空间开发项目的一部分，位于奥体南区范围内，布置在二号路、三号路、四号路和九号路的地下，连接道布置在北辰东路南延的地下，隧道设置 2 对进出口（2

处进口、2 处出口）与地面道路连接，设置 1 对出入口与北辰东路南延工程相接，设置 16 处进出口（16 处同进同出）与地下车库相连。通道主体全长为 1.72km，进出口通道长约 0.83km，两条连接道长约 0.15km。通道连接周边地块 B2 层，高程为 31.800m（相对公共空间建筑开发正负零标高平均在−13.000m）。

北京奥体文化商务园区市政工程成环状布设，与地下交通联系通道共构结构，位于其下方，各附属结构物结合地下空间开发布置，干线管沟全长 1717.61m。

地下综合管廊分为三层：地下一层为人行通道层，与地下公共空间建筑层相通；地下二层为地下交通联系通道，为小轿车服务，并与周边地块的地下停车场相通；地下三层为市政层，主要用于敷设各类市政管线。

本项目共设四个标段，本标段为第四标段，本标段环遂构筑物包含：主隧道里程范围 1+426.143～1+708.794 段、C2 及 R2 进出口通道、13 号地块管线支沟及四通井、12、13、14、17 号地库车库进出口，附属设施用房共有 8 处环遂进风风井、6 处环遂排风机房、2 处综合管沟进风机房、2 处综合管沟市政入井、2 处排水泵房。

本项目所在地理位置如图 2-27 所示。

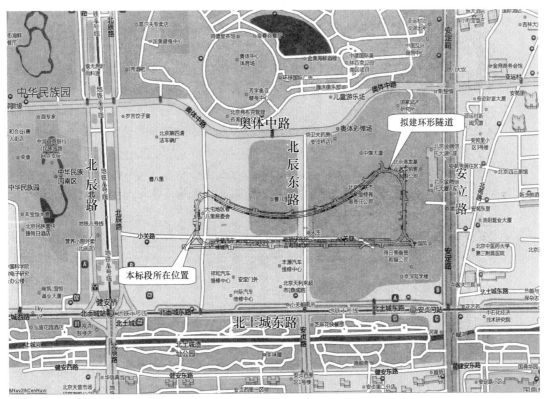

图 2-27 某市政综合管廊位置示意图

2. 设计概况

本标段包含 1 条半环形主隧道（1+426.143～1+708.794）、4 处车库出入口，2 处匝道出入口、1 处管线支沟。隧道全长约 664.761m，其中主隧道全长 282.651m，出入口长 382.11m。各段的具体结构形式见表 2-4。

表 2-4 　　　　　　　　　　　　　　第四标段环遂结构形式一览表

类型	位 置	长度/m	结构形式	结构全宽/m
主通道	1+426.143～1+497.589	71.446	三层，三孔	18.5
	1+497.589～1+685.446	187.857	双层，三孔	18.5
	1+685.446～1+708.794	23.348	三层，三孔	23.5

类型	位 置	长度/m	结构形式	结构全宽/m
出入口	出口 C2	199.98	单层单孔+U 形槽	7.9
	入口 R2	182.13	单层单孔+U 形槽	7.9

全线结构种类和断面形式繁多，主要可以归纳为以下几类：

（1）主隧道标准断面（三层）（图 2-28）。

本断面适用于主隧道 B4-1 节段，断面形式为三层三孔矩形框架，结构总宽 18.5m，车行道净宽 9.5m，夹壁墙部分净宽分别为 2.45m 和 3.8m。B1 层为商业层，净高 3.3m，结构柱净距 9.5m，柱尺寸为 1.2m×0.6m 方柱；B2 层为车行层，净高 5.1m；B3 层为管线层，净高 3.5m，净宽 9.5m，分为 2.2m 电力仓和 7m 附属用房。车行层效果图如图 2-29 所示。

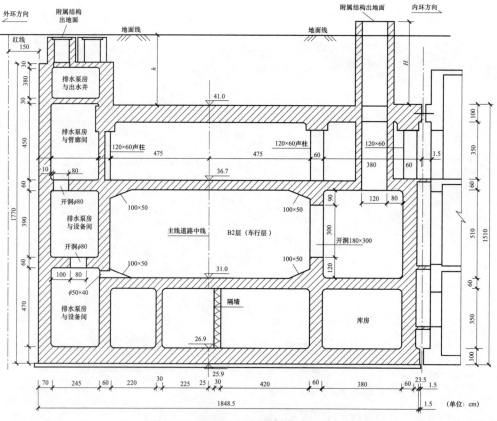

图 2-28　主隧道标准断面图（三层）

图 2-29　车行层效果图

B4-1 节段范围夹壁墙内设置排水泵房、环遂排风风井、综合管沟投料口、楼梯间各 1 座，环遂进风风井及综合管沟进风风井各 2 座。管廊层效果图如图 2-30 所示。

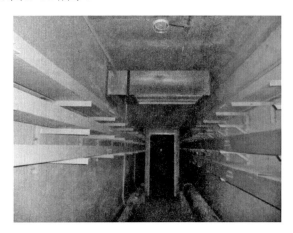

图 2-30　管廊层效果图

（2）主隧道标准断面（两层）（图 2-31）。

本断面适用于主隧道节段 B4-5、B4-2 小桩号侧、B4-4 大桩号侧及 B4-6 小桩号侧，断面形式为两层矩形框架，结构总宽 10.9m。该部分无商业层，B2 层为车行层，净高 5.1m，车行道净宽 9.5m；B3 层为管线层，净高 3.5m。

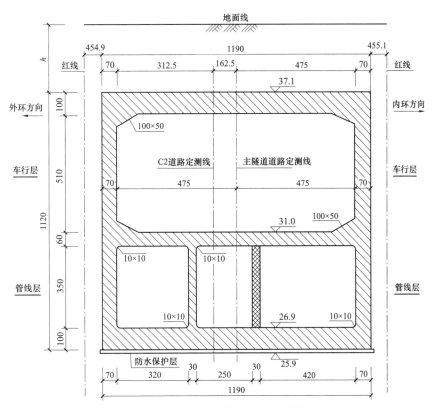

图 2-31　言隧道标准断面图（两层）（单位：cm）

（3）主隧道加宽断面（图 2-32）。

本断面适用于主隧道 B4-2 节段、B4-2 大桩号侧及 B4-4 小桩号侧，断面形式为两层矩形框架，考虑曲线加宽，此处结构总宽 11.9m。该部分无商业层，B2 层为车行层，净高 5.1m，车行道净宽 9.5m；

B3 层为管线层，净高 3.5m。

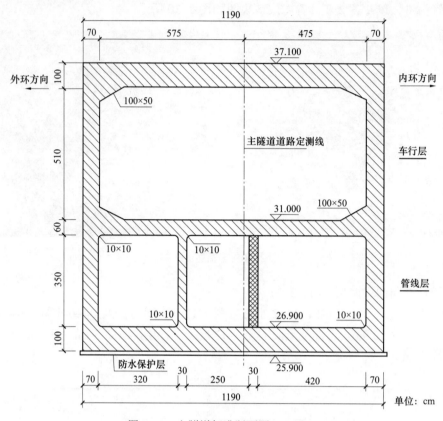

图 2-32　主隧道标准断面图（二层）

（4）主隧道出入口（图 2-33）。

本标段范围内共有 4 处出入口，分别为 12 号、13 号、14 号及 17 号地块车库出入口，均与主隧道共构，对应节段为 B4-1、B4-3、B4-5 及 B4-6 节段。

12 号和 14 号地块对应出入口为两层两孔矩形框架，单孔净宽 8m 上下层布置，上层为车库出入口，中层为管线出入口，下层管沟也外伸作为预留空间。

13 号地块对应出入口为单层单孔矩形框架，净宽 9m。

17 号地块对应出入口为三层单孔矩形框架，净宽 9m。

3. 水文地质

拟建场地地势较为平坦。属暖温带、半湿润～半干旱大陆性季风气候区，夏季炎热多雨，冬季寒冷干燥。年平均气温 11～12℃，最冷月出现在 1 月，最热月出现在 7 月。年平均降水量 550～660mm，其中汛期集中在 6～9 月。场区地基土标准冻结深度 0.8m。

本场地位于永定河冲洪积扇的中部，对工程建设影响的地层为第四系松散层，厚度约 80m。深度 25m 以上地层以砂类土与黏性土互层，25m 以下以卵石层为主，夹黏性土与砂类土薄层。

环形隧道主体部分埋深约 20m，其天然地基持力层主要为粉质黏土⑥层、细砂⑦层，其下卧为圆砾～卵石⑧层，设计建议采用天然地基方案；各出入口基础埋深自地面至埋深 20m 左右，其地面段表层的人工填土层不能作为天然地基持力层，须全部清除，采用级配砂石换填并分层夯实至设计标高。

该工程基坑开挖深度范围内存在三层地下水，分别为：台地潜水、层间潜水（一）、层间潜水（二），对支护结构及结构外墙将产生较大的侧压力；粉土、砂土受地下水影响，在施工中易出现流沙、坍塌现象，导致结构失稳。

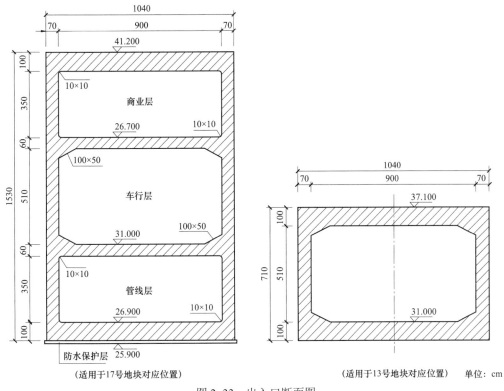

图 2-33　出入口断面图

本场地的台地潜水、层间潜水（一）、层间潜水（二）位于基础底板以上，对该工程施工有影响，须采取堵排水措施。

4. 特点及重点

（1）模板支撑体系设计。

拟建管沟结构靠近基坑内部一侧"地下空间"结构同步实施，因而这一侧的结构外模处于"悬空"状态，没有后背支撑物。

针对上述情况，本项目推广使用"三节式防水穿墙螺栓"，通过穿墙螺栓使模板形成自稳定体系，保证在混凝土浇筑过程中模板体系的稳固和安全，如图 2-34、图 2-35 所示，避免由于模板支撑体系松动造成的跑模、漏浆等现象，从而达到内坚外美的效果。

"三节式防水穿墙螺栓"由于采用了双重止水措施，不但能够保证自锚体系稳固、可靠，更能有效地达到防水、止水的目的，在地下结构施工中被广泛采用。拆模后，对穿墙螺栓的部位用防水砂浆进行封堵，防水时局部进行加强处理，确保防水效果。

图 2-34　顶板平铺模板

图 2-35　侧墙模板安装

（2）做好结构防水处理，保证结构安全。

本项目拟建综合管沟结构全部位于地下，运营过程中出现的结构渗水、漏水现象将严重影响结构安全和使用功能，因此施工过程中的防水作业十分重要，必须给予高度重视。

结构施工过程中，重点做好以下几点：

1）加强对结构自身防水混凝土配比的监督管理，通过查验预拌混凝土的出厂合格证、试验报告、开盘记录等手段保证混凝土质量达到设计要求，从而确保结构混凝土本身的抗渗等级达到设计要求。

2）严格按照设计图纸对结构进行防水处理，选派专业队伍施工，安排质检员对重点部位、重要环节进行旁站监督，保证防水卷材的铺贴质量，保证外防水效果。

3）施工中注意对卷材端部甩槎的保护，通过及时覆盖砂浆保护层等手段，防止撕断、扯破或被钢筋刺破。其示意如图2-36和图2-37所示。

4）防水层施工完毕，及时浇筑防水保护层，避免长时间暴露或暴晒。

5）在回填土过程中注意保护防水层，防止石块、硬物或夯压机械破坏防水层。

6）注重对施工缝和变形缝的处理，严格按照设计图纸安装止水钢板、止水带，按照规范要求对施工缝进行相应的处理。

7）加强对止水带安装质量监管，保证止水带型号、规格符合设计要求，保证安装位置正确，在混凝土浇筑过程中不发生位移、变形的现象。

通过上述全方位采取措施，实现治水、防水的目标，把地下水挡在隧道结构之外。

图2-36　防水铺贴完成

图2-37　侧墙防水旁站

二、主要施工过程

1. 施工总体流程

本项目施工的总体流程是：基坑顺利交接→抓住关键线路——综合管沟结构施工→机电安装、装饰装修及道路工程→按时完工。

（1）基坑顺利交接。进场后，在业主的统一安排下，积极做好基坑交接工作，完善各项交接手续并签字确认；组织测量人员，完成现场控制桩位的交接工作，尽快完成基坑内剩余土方高程的量测作业，为正式开工做好准备。

（2）抓住关键线路。紧紧抓住关键线路——综合管沟主体结构的施工组织，结构施工本着"平行施工、流水作业"的指导思想进行总体部署，全线安排两个工区同步进行，工区内部流水施工，以加快施工进程。

（3）机电安装等项目的安排。机电安装作业分两步安排，在主体结构施工期间，主要安排机电安装项目的预留、预埋，结构施工完成后主要安排安装作业。

（4）施工总体流程图如图 2–38 所示。

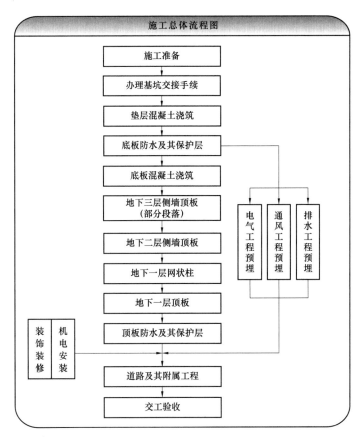

图 2–38　某市政综合管廊施工总体流程图

2. 施工阶段划分

根据工程特点，整个项目计划分为四个阶段组织实施：

第一阶段：施工准备

本阶段主要完成项目部驻地建设、大宗物资采购、人员入场、场地建设以及办理基坑交接手续等，为全面开工做好充分准备。

第二阶段：结构施工

本阶段，主要完成主隧道结构及出入口匝道的施工，同时做好机电安装的预埋预留工作。

第三阶段：机电安装、装饰装修及道路工程施工

本阶段主要组织机电安装作业队、装饰装修作业队完成各项机电安装工程和装修作业，道路工程安排在本阶段最后实施。

第四阶段：清理收尾及交工验收

本阶段，完成现场清理收尾工作，配合业主和监理完成交工验收工作，履约率达到 100%。

3．施工区及流水段划分

根据标段内拟建结构的分布特点，整个标段分为两个施工区：第一工区（主隧道施工区）和第二工区（出入口匝道施工区），两个施工区同步施工，以第一施工区为主线，每个施工区内根据结构施工缝的设置流水段，各施工区内合理地组织流水施工。

各施工区设计里程桩号如下：

表 2-5

施工区	设计里程桩号	结构段长度
第一施工区	1+426.143～1+708.794	6 段（B4-1～B4-6），282.651m
第二施工区	出口 C2 匝道	199.98m
	入口 R2 匝道	182.13m

流水段划分如图 2-39 所示。

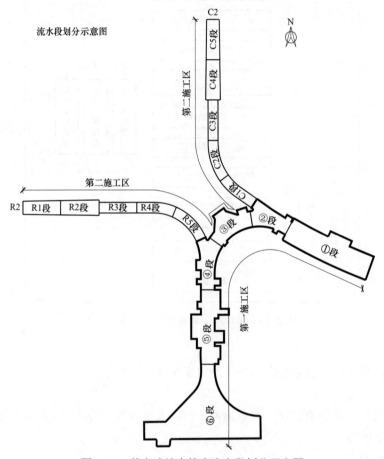

图 2-39　某市政综合管廊流水段划分示意图

三、重点施工节点总结

隧道结构设计是本节重点

1．施工工艺流程

（1）主隧道结构施工流程。

三层隧道结构施工顺序：

施工准备→基坑清槽见底→垫层混凝土浇筑→底板防水施工→底板钢筋模板安装→底板混凝土浇筑→B_3层侧墙顶板钢筋模板安装→B_3层侧墙顶板混凝土浇筑→B_2层侧墙顶板钢筋模板安装→B_2层侧墙顶板混凝土浇筑→B_1层网柱钢筋模板安装→B_1层网柱混凝土浇筑→B_1层顶板钢筋模板安装→B_1层顶板混凝土浇筑→侧墙顶板防水施工→结构回填

两层隧道结构施工顺序：

施工准备→基坑清槽见底→垫层混凝土浇筑→底板防水施工→底板钢筋模板安装→底板混凝土浇筑→B_3层侧墙顶板钢筋模板安装→B_3层侧墙顶板混凝土浇筑→B_2层侧墙顶板钢筋模板安装→B_2层侧墙顶板混凝土浇筑→侧墙顶板防水施工→结构回填

（2）出入口匝道及连接通道结构施工流程。

施工准备→基坑清槽见底→垫层混凝土浇筑→底板防水施工→底板钢筋模板安装→底板混凝土浇筑→侧墙顶板钢筋模板安装→侧墙顶板混凝土浇筑→侧墙顶板防水施工→结构回填

隧道结构均采取分段施工方式，跳仓浇筑。

2. 主体结构施工重点、难点分析及对策（表2-6）

表2-6　　　　　　　　　　　　主体结构施工工艺特点和难点分析及对策

分项工程	施工工艺特点和难点	对　策
钢筋工程	钢筋接头和种类较多、数量庞大，加工和绑扎难度大	（1）加强钢筋原材料进场检验和分类堆放管理； （2）做好钢筋加工和接头的标准化作业管理； （3）钢筋现场绑扎按设计顺序进行，加强绑丝、垫块、间距、接头位置等重点参数的控制
模板和支撑体系	（1）结构外围模板为砖模； （2）侧墙混凝土浇筑对模板产生的侧压力较大，模板的支撑和加固要求高、难度大； （3）侧墙和楼板结构同步浇筑，对模板的安装精度和支撑的稳定性要求高； （4）结构面积大、施工周期长，对模板的平整度、周转次数的要求高； （5）主体结构弧形段、出入口、交叉口、预埋件开口处的异形模板和支撑施工难度大	（1）加强砖砌体施工质量管理，保证结构尺寸和强度； （2）根据施工部位合理选择优质钢模板、酚醛树脂覆膜模板； （3）对混凝土结构施工、浇筑过程中的受力情况，经严格计算，选择合理及可靠的支撑体系； （4）加强各专业工程在主体结构内的洞口、预埋件等位置的细部模板、支撑施工管理
混凝土浇筑	（1）混凝土方量大、体量大； （2）结构内钢筋密集，混凝土浇筑和振捣难度大； （3）大体积混凝土温度裂缝、养护管理难度大； （4）混凝土浇筑速度、施工缝等位置的施工质量控制要求高	（1）根据混凝土浇筑的方量和施工周期，合理组织混凝土供应厂家、运输机具、施工机械和人工等资源的施工配合，保证大体积混凝土浇筑连续施工作业的稳定性； （2）对重点、关键部位混凝土的浇筑、振捣作业，制订科学、合理的施工方案，安排专人进行全程管理，确保隐蔽工程的施工质量； （3）针对大体积混凝土养护、接缝处理、平整度、混凝土外观等，制订科学、合理的技术方案，施工全过程进行监控，保证重点结构万无一失

四、项目施工经验总结

本标段管沟内路面设计为沥青混凝土结构，沥青混凝土摊铺阶段，结构内的通风、照明系统尚未完善，因此在管沟内进行沥青混凝土摊铺，具有通风不畅，作业面空气污染严重、温度较高，光线不足等困难。

本项目采用了以下解决办法：

（1）购置矿用轴流风机，在管沟内设置强有力的通风换气系统，改善结构内空气质量，降低作业面温度。

（2）在管沟内布设低压照明线路，设置充足的照明系统，提高作业面及管沟内的照度，从而提高摊铺质量。

（3）加强劳动保护，采取多班轮流作业模式，配备活性炭防毒面具，发放防暑药品、冰镇矿泉水、冰镇毛巾，给予吸氧治疗等措施，保护工人身心健康。

（4）充分利用夜间及早晚相对低温时段安排摊铺作业，利用管沟内外温度差和气压差，使管沟向外排风顺畅。

（5）采用小型运料车进行沥青混凝土的运输，避免因管沟净空限制而影响车辆起斗卸料。

第三章 预制拼装法地下管廊施工

第一节 预制拼装法地下管廊施工概述

一、施工原理与适用性

预制拼装工艺是将管廊主体分为若干节段,在工厂预制后运至现场进行组拼。简单地说,"预制拼装"像是孩提时代玩过的"组装玩具",即将一块块分散的"积木块"拼成一座"大桥"。

20 世纪 60 年代早期,欧洲首先出现了现今称为节段预制的混凝土箱梁。70 年代,该方法传到美洲,并取得了较好的经济和美学效果,从而逐渐推广到世界各地,成为中等跨径箱梁的一种基本施工方法,由于是工厂预制,不需要搭设支架,对现场干扰小,梁体外观质量好,对城市高架桥梁尤为适合。例如,美国较早就成功地建成了长礁桥(101m×36m)和七英哩桥(266m×36m)等长大桥梁,2000 年泰国耗资 10 亿美元建成了全长 55km 的 BangNa 桥,它是当今世界采用逐跨节段拼装施工技术建成的最大桥梁。80 年代观塘快速路项目中被首次引入到中国香港。90 年代开始,香港的大部分桥梁都是采用节段拼装施工技术,并且结构形式呈现复杂多样化的趋势。

地下综合管廊是目前世界上比较先进的基础设施管网布置形式,是城市建设和城市发展的趋势和潮流,是充分利用地下空间的有效手段。

地下综合管廊施工工法现浇与预制相比,预制混凝土涵管装配化施工更具质量保证、缩短工期、降低成本、节能环保等较为显著的优势,应作为建设地下综合管廊的首选施工工法。

二、施工方法概述

装配式综合管廊,由若干预制管节装配而成,每个预制管节由专业厂家预制而成,管节拼接缝处设置有防水带。每处管节缝隙进行处理,多次拼接后形成整体。

三、施工工艺流程

1. 管节预制及运输

管节委托厂家制作,采用大型定制钢模板进行预制浇筑,然后运输到现场进行拼装。

2. 构件卸载

构件运到现场,按结构吊装平面位置采用履带吊进行卸车、就位、安装,尽量避免二次转运。

3. 安装施工及验收

根据每节综合管的自重及现场条件,吊装机械采用重型吊车进行安装。安装分以下七个步骤进行:

(1)在垫层上铺 10mm 厚黄砂,用于垫层找平和减少摩擦。

(2)平板车运输管节进场,吊车吊管节入沟槽。如果有支撑相碰,需提前换撑移位,履带吊吊钩上挂 4 个 10t 手拉葫芦,可以用于精确管节就位微调。

(3)调整手拉葫芦,精确就位管节。1~4 号葫芦用于将管节吊起,5~8 号葫芦用于调整管节水平位置,垂直方向有高差采用垫钢板调平。

（4）用千斤顶对管节进行横向局部微调，横向微调期间 1～4 号葫芦仍然承受部分管节重量，但管节不能腾空。

（5）用 5t 手拉葫芦在纵向施加压力。

（6）安装弧形螺栓，达到紧固力矩。

（7）对就位情况进行检查。如果轴线有不符合要求的情况，返回第四步重新进行调整，直至符合规范要求误差值。其示意图如图 3-1 所示。

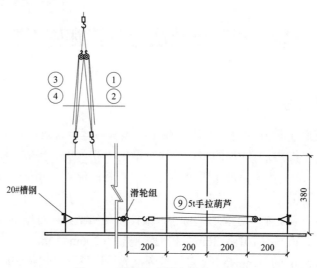

图 3-1　预制综合管沟拼装示意图

第二节　某市政综合管廊施工实践

一、项目施工特点及重点

（1）项目概况。

该地下管廊全长 1039.01m，管廊内管道类型包括通信、电力、给水、燃气、热力。由三舱组成，管廊内净高 3.0m，自北向南分别为通信、电力、给水舱（标准段内净尺寸 2.8m×3.0m），热力舱（标准段内净尺寸 5.4m×3.0m），给水输送干管舱（标准段内净尺寸 5.4m×3.0m）。

本项目为一标段，暨红旗大街区域（主城区），共 13.2km，包含五路段和一个控制中心，是目前全国范围内第一条涉及老城区改造的管廊。工程规模详见表 3-1。

表 3-1

序号	项　目　名　称	工程规模/km	起　止　位　置
1	红旗大街	7.18	东直路——公滨路
2	南直路（北段）	1.72	宏南路——八十七中学
3	南直路（南段）	1.68	淮河路——长江路
4	长江路	1.29	红旗大街——南直路
5	宏图街	1.28	红旗大街——南直路
6	控制中心	600m²	—

（2）设计概况。

管廊由底板、墙和顶板三部分构件组成，根据使用功能的不同设置舱位。施工主要采用叠合整体式工艺，底板为现浇；墙体采用空腔预制板，顶板下部为预制板，安装预制板完毕后一次性浇筑墙体内芯和顶板上部混凝土。该工程使用年限为 100 年，混凝土均为 C40P6 混凝土，墙体采用自密实混凝土。防水等级为 2 级，采用湿铺卷材防水，外设 50（80）mm 厚挤塑聚苯板，采用胶粘剂粘贴。按照纵向每隔约 33m 设置一道伸缩缝，设中埋式止水带。管廊内地面为混凝土地面，两侧设置排水沟。该工程基坑均为深基坑，采用钢板桩+内支撑及钢板桩+锚杆的支护方式。管廊位置示意和标准断面如图 3-2 和图 3-3 所示。

（3）水文地质。

该项目所处地貌单元为岗阜状平原，地面标高在 172.300～185.520m（大连高程系），场地地形起伏大，呈南高北低，最大高差 13m 左右，局部有堆土。该段地下管线多而复杂，施工前做好管线确认和保护工作。

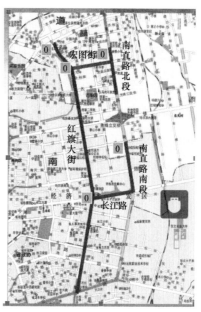

图 3-2　某市政综合管廊位置示意图

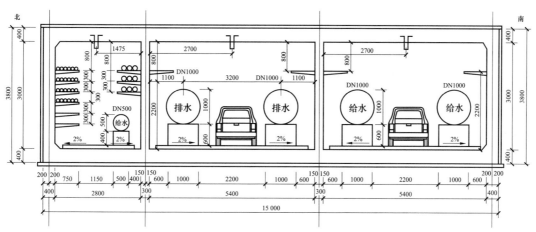

图 3-3　管廊标准断面图

根据钻孔揭露和室内土工试验结果，场地地层结构特点为典型岗阜状平原地貌单元特征，地基土分布较均匀，性质变化不大。表层由杂填土组成，地基土主要由黏性土组成。

根据区域水文地质资料，本场地勘探深度内所揭露的地下水为潜水：主要赋存于第四系全新统冲积层中（4）层中砂、（4-2）层粗砂中，该场地地层富水性好，水平及垂直方向透水性强，孔隙潜水与松花江水力联系较为密切，补给方式主要有松花江侧向径流补给、大气降水入渗、地表水入渗等，其中松花江侧向径流补给及大气降水入渗为主要补给来源。另外，丰水期内，区域内湖水、河水等地表水对地下水也有一定的补给作用。排泄方向主要为蒸发及人工开采。水位和水量随季节性变化，最高一般在 7～8 月，最低水位多出现在翌年的 3～5 月，地下水位的年变化幅度在 2.0～3.0m 左右。

勘察期间初见水位 12.5～19.3m，静止水位 11.7～17.9m。

本场地有潜水分布，静止水位埋深在 11.7～17.9m，管廊基坑明挖深度未超过该含水层，地下水对基坑明挖工程会产生不良影响；土方开挖后，地表水及管线渗漏易产生基坑涌水、渗水、坍塌等工程问题，施工时要防止地基土浸水。

（4）特点及重点。

1）该工程位于交通主干，采用明挖施工，需对现场交通进行导改，为缓解交通压力，施工大型机械尽量避免交通高峰期作业，为保证工期进度，采用部分夜间施工。

2）地下管线比较复杂，管线由产权单位改移，周期较长，并且很多管线图以外的管线，开挖时须小心、谨慎，发现不明管线及时跟管线办协调，不能改移的采取加固措施。

3）该工程主要施工季节在雨季，雨水较多，有内涝的可能，要安排好各项措施，准备好抢险物资，防止基坑变形，防止内涝。

4）该工程采用叠合整体式施工工艺，预制构件和部分现浇相结合，具有节约施工场地、预制构件质量轻、混凝土成形质量好、节约周转材料和人工等优点。

二、主要施工过程

1. 施工阶段划分

该综合管廊工程划分为 3 个施工段，共安排 3 个专业结构作业队负责流水施工。

（1）施工次序安排为 CJK0+34.7–CJK0+388.45 为第一施工段，具体安排为：沿红旗大街方向向泰山西路推进。

（2）CJK0+422.34–CJK0+559.23 为第二施工段，具体安排为：泰山路方向向泰山西路推进。

（3）CJK0+559.23–CJK1+049.21 为第三施工段，具体安排为：长江路与南直路交口向泰山路推进。

该综合管廊施工过程及成形效果如图 3-4～图 3-6 所示。

图 3-4　现浇底板

图 3-5　墙体预制板安装

图 3-6　管廊成形效果

2. 总体施工进度计划

总体施工进度见表 3-2。

表 3-2 总 体 施 工 进 度

序号	施 工 部 位	持续时间/天	序号	施 工 部 位	持续时间/天
1	红旗大街过渡段主廊	36	8	南直路南侧支廊	37
2	红旗大街标准段主廊	31	9	南直路北侧主廊	62
3	红旗大街支廊	64	10	南直路北侧支廊	23
4	长江路段主廊	90	11	宏图街主廊	39
5	长江路段北侧支廊	6	12	宏图街支廊	28
6	长江路段南侧支廊	15	13	控制中心	36
7	南直路南侧主廊	85			

三、重点施工节点总结

1. 基坑开挖

基坑开挖采用机械开挖，为了保证工期，土方分段同时开挖，人工配合清底的方式作业。机械施工作业时边后退边挖除沟槽内土方，挖出的土方应随挖随运，每班土方应当天运出，严禁将土方随意堆在基坑四周，造成超负荷受力。

由于管槽开挖的土方量大，每个作业段用二台挖掘机开挖与人工配合清底的方式，挖土要遵循"纵向分段、竖向分层先支后挖"的原则进行。

（1）基坑开挖配备二台挖掘机，采取分层分段对称进行，在开挖过程中掌握好"分层、分步、对称、平衡、限时"五个要点，遵循"竖向分层、纵向分段、先支后挖"的施工原则。

（2）在基坑开挖过程中，使用自卸汽车运输，基底以上 30cm 采用人工突击开挖，严格控制最后一次开挖，严禁超挖。

（3）分段开挖两端设截流沟和排水沟，渗水及雨水及时泵抽排走。雨季备足排水设备，做好预警工作，确保基坑安全。

（4）开挖过程中，按既定的监测方案对基坑及周围环境进行监测，以反馈信息指导施工。

（5）基坑四周砌 250mm 宽、400mm 高的档水墙，沿着基坑周边搭设防护栏杆 1.5m 高两道水平杆与立杆固定。

（6）基坑开挖及出土示意图如图 3-7 所示。

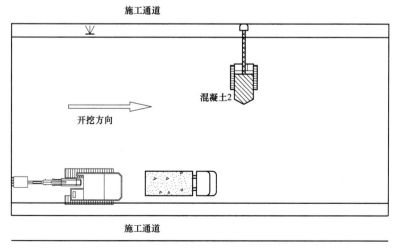

图 3-7　基坑开挖及出土示意图

2. 基坑排水措施

本工点为潜水，水位埋深较大且水量丰富，但水位位于结构底板以下，对基坑工程无影响。局部地段上部 3～7m 深度内存在软塑-流塑粉质黏土，含水量大，近饱和状态，在基坑开挖产生临空面时，易产生孔隙水析出，坑壁析出的水易造成坑壁坍塌等工程问题，考虑沿基坑两边设 200mm×200mm 的截水明沟，防止地表水流向基坑。沿坑底的两侧挖排水沟进行基坑内导水，排水沟紧贴型钢桩施作，断面取 0.2m×0.2m，坡度为 0.5%，集水井隔 30m 左右设置一个，集水井的尺寸为 0.6m×0.6m×0.8m，深度随挖土的加深适当设置，基坑内地下水流入集水井内后用水泵抽出坑外，经过沉砂池沉淀后排入排水干线。

监测内容：

（1）基坑周边沉降及位移监测。

监测点和控制点均采用钢筋水泥制作，设置稳固。

采用 J2 光学经纬仪或全站仪观测水平位移，采用精密水准仪观测垂直位移。

基坑开挖期间每开挖一层观测 2 次或每天观测 2 次。

（2）土体侧向变形监测。

沿基坑周边每 20m 布设一个测斜孔，测斜孔采用专用 PVC 管，管内正交的两组导向槽，埋入深度以进入弱风化岩为宜。测斜孔埋置时确保其中一组导向槽垂直于基坑边线，测斜孔与钻孔壁间的空隙密实填砂并用水泥密封。基坑开挖过程中每开挖支护一层观测一次。

3. 基坑支护

根据设计图纸、地质报告，综合分析周边环境，为降低工程成本，提高工程施工工期；该工程设计方案采用下列支护形式：H 型钢（350mm×175mm×7mm×11mm）钢板桩排桩+预应力锚索支护形式。该工程施工设计采用 H 型钢钢板桩，可提高工期。

主要施工材料技术参数如下：

（1）钢板桩为：H 型钢 H350mm×175mm×7mm×11mm 板桩，长 12m，局部 15m。

（2）锚杆：预应力锚索，锚杆直径 ϕ150mm，长度分别为 15～18m，锚杆体钢绞线强度为 1860 级，直径 ϕ15.20mm，水泥浆水灰比为 0.55。

图 3-8 垫层支护

1）长江路段 7.0m 深位置。基坑支护采用 H350mm×175mm×7mm×11mmH 型钢+锚杆支护体系，桩间距 700mm，桩顶标高与自然地面平齐，桩长 12.0m。锚杆为 D150mm 的注浆预应力锚索，锚杆设置一道，位置-3m，锚杆间距 2100mm（三桩一锚），锚杆长度 16.0m。

2）南直路与长江路交汇节点处 10.0m 深位置。基坑支护采用 H350mm×175mm×7mm×11mmH 型钢+锚杆支护体系，桩间距 700mm，桩顶标高与自然地面平齐，桩长 15.0m。锚杆为 D150mm 的注浆预应力锚索，锚杆设置两道，位置-3m、-6.0m，锚杆间距 1400mm（两桩一锚），锚杆长度 20.0m，如图 3-8 所示。

四、项目经验总结

1. 基坑侧壁防治流沙技术措施

为保证基坑侧壁安全，防止流沙钢板桩位置，在钢板桩中间插入 25mm 厚木挡板，如图 3-9 所示。

2. 基坑内排水技术措施

该工程基坑开挖面积大，施工周期长，基础施工期间在雨期施工，为保证基坑安全，保证基坑不受雨水及不明水源的危害，在基坑周边设置排水沟、集水坑，排水沟与集水坑相连，配备抽水泵，保证坑内水及时排出，排水沟侧面和底部做 80mm 厚级配碎石混凝土，强度为C20，如图 3-10 所示。

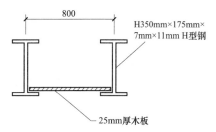

图 3-9　基坑侧壁防治流沙技术措施

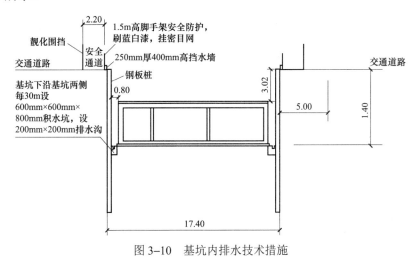

图 3-10　基坑内排水技术措施

第四章　标准断面暗挖法地下管廊施工

第一节　标准断面暗挖法地下管廊施工概述

一、施工原理与适用性

暗挖法（城市中指浅埋暗挖法）施工是从新奥法演变进化来的，是新奥法应用于城市隧道施工的成功实践。

新奥法（New Austrian Tunneling Method）的理论是建立在岩石的刚性压缩特性和岩石的三向压缩应力，应变特性以及莫尔学说基础上的，并考虑到隧道掘进时的空间效应和时间效应提出的新理论。这一理论集中在支护结构种类、支护结构构筑时机，岩压、围岩变位这四者的关系上，贯穿在不断变更的设计施工过程中。

暗挖法基于新奥法（NATM）的基本原理，针对城市地下工程的特点，在第四纪软土中开创出的新方法。突出时空效应对防塌的重要作用，提出在软弱地层快速施工的理念。

隧道开挖前，采取土体加固辅助措施，提高地层自稳能力。隧道开挖时，利用围岩短暂自稳能力适时封闭支护，使围岩与支护体共同作用，承担土层与施工期间的全部荷载。最后，在初期支护保护下施作防水层和二衬混凝土，形成复合衬砌结构，承担使用荷载。这是一种综合的施工技术。

暗挖法施工强调预支护、及时支护，控制地面沉降。

暗挖法主要靠人工施工（目前部分城市已出现暗挖施工机械，但适应性有待提高），具有灵活多变、不拆迁、不扰民、不影响交通、不破坏环境、对工程的适应性强等突出优点，可作成各种结构形式。在地铁、市政等建设领域得到广泛应用。

暗挖法典型的施工形式是正台阶法开挖也就是所说的开挖标准断面隧道，由于开挖断面基本在 6m 以内（根据土质情况而定），可采用上下台阶开挖或者上、中、下三步台阶开挖的方法，有的还设置临时仰拱，这是暗挖施工的基础隧道形式。后文所述的大断面、洞桩法等施工方法都基于此。

标准断面隧道（正台阶法）适用于Ⅲ～Ⅴ级围岩隧道施工，Ⅵ级围岩单线隧道在采取了有效措施后也可采用。城市中主要适用于土体自稳能力较强的黏性土层、粉质黏土层、砂性土层、砂卵石层等，并且要求在无水的条件下进行施工作业。

二、施工方法概述

台阶法有多种开挖方式，根据地层条件、断面大小和机械配备情况可分上、下两步，上、中、下三步开挖及弧形导坑预留核心土法等，一般多采用两步开挖。

台阶法是实现其他施工方法的重要手段，标准断面隧道的初衬开挖形式主要是采用短台阶法、带临时仰拱的长台阶法。

当开挖断面较高时可进行多台阶施工，每层台阶的高度常为 3.5～4.5m，或以人站立方便操作选择台阶高度。根据土质情况及沉降要求，可设置临时仰拱，以增加隧道初衬结构的整体刚度。

总体施工顺序是先沿隧道拱部打设小导管,并注浆加固地层,人工配合风动机具开挖,先开挖上台阶,及时初喷,架设钢格栅,挂网喷混凝土;下台阶紧跟上台阶,下台阶开挖及时初喷,随即架设格栅挂网喷锚,完成初期支护封闭。其相关示意图参考图 4-1～图 4-5。

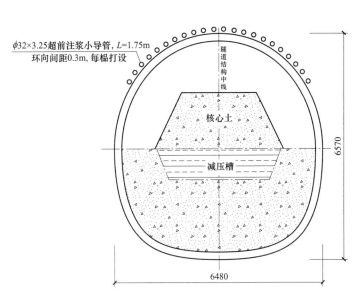

图 4-1　标准断面示意图

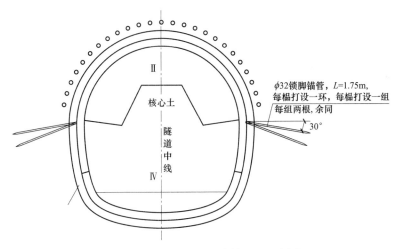

图 4-2　标准断面台阶法横断面示意图

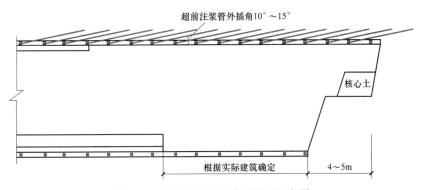

图 4-3　标准断面台阶法纵断面示意图

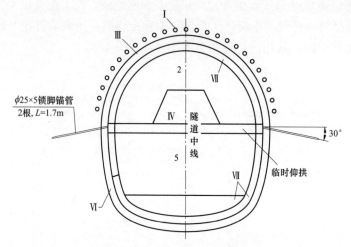

图 4-4　带临时仰拱标准断面台阶法横断面示意图

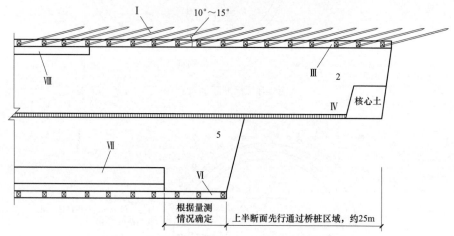

图 4-5　带临时仰拱标准断面台阶法纵断面示意图

三、施工工艺流程

标准断面暗挖施工一般采用上下台阶法，严格按照暗挖"十八字方针"：管超前，严注浆，短开挖，强支护，快封闭，勤测量。进行组织施工，其基本的施工工艺流程如下：

第一步：施工拱部小导管注浆超前支护，预注浆加固底层，打设锁脚锚管，如图 4-6 所示。

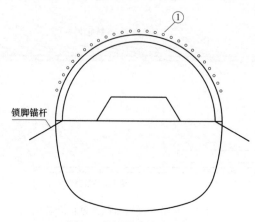

图 4-6　超前支护小导管

第二步：开挖上半断面土体，施作初期支护，如图4-7所示。

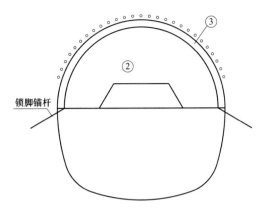

图4-7　开挖上半断面土体

第三步：开挖下半断面土体，施作初期支护，如图4-8所示。

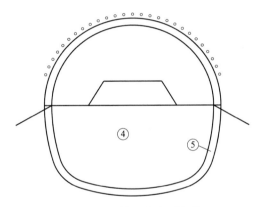

图4-8　开挖下半断面土体

第四步：分段敷设防水层，浇筑二衬混凝土，如图4-9所示。

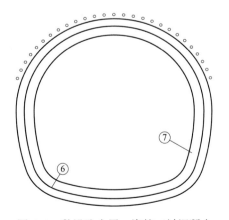

图4-9　敷设防水层、浇筑二衬混凝土

第二节　某热力隧道施工实践

一、项目施工特点及重点

1. 项目概况

该工程为某热力管线工程（黄杉木店路—褡裢坡西路—三间房东路—东苇路），如图4-10～图4-13所示。管线总长4987.2m，管径DN1000。工作内容为施工场地的平整、土体开挖、混凝土结构、管道及设备安装、管道试压、回填土方、竣工测量、管线验收、恢复地容地貌等。

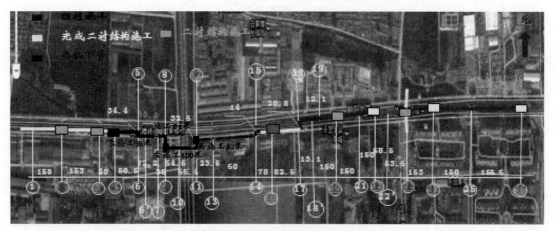

图4-10　黄杉木店路—褡裢坡西路位置示意图

黄杉木店路—褡裢坡西路，干线全长2137.7m，分支80m，干线共有11座小室；目前已进场施工竖井10个，占干线竖井总数的91%；隧道初衬总进尺2036m，占此段施工总里程92%；完成隧道二衬结构施工1600m；占总里程75%；进行热机下管2300m，完成管道焊接1080m

图4-11　褡裢坡西路—三间房东路位置示意图

褡裢坡西路—三间房东路，干线全长1522.1m，分支122m，共设置干线小室8座，分支小室2座。目前已进场施工干线竖井8个，占施工竖井总数的100%；隧道初衬总进尺1358m，占此段施工总里程的83%；累计完成隧道二衬结构施工620m，完成热机下管528m

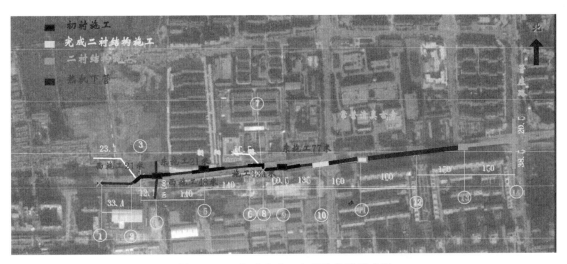

图 4-12　三间房东路—东苇路位置示意图

三间房—东苇路工程，干线全长 1247.1m，分支 99m，共设置干线小室 6 座；全部为暗挖隧道敷设。目前已进场施工竖井 6 个，占施工竖井总数的 100%；隧道初衬总进尺 1078m，占此段施工总里程的 81%；累计完成隧道二衬结构施工 490m；完成热机下管 864m。

图 4-13　现场效果图

2. 设计概况

土建：该工程隧道敷设采用浅埋暗挖通行地沟敷设，DN1000 隧道标准断面尺寸 4.4m×2.8m（净尺寸），初衬厚度 300mm，二衬厚度 300mm；隧道结构为马蹄形、直边墙、底板仰拱，采用复合衬砌结构形式，初期支护为格栅喷射混凝土结构（钢筋格栅+钢筋网+喷射混凝土），二次衬砌为模筑钢筋混凝土结构，两层衬砌之间设防水层；检查室结构也为复合衬砌，采用格栅喷射混凝土结构作为初期支护，二衬为模筑钢筋混凝土结构，两层衬砌间设防水层。

热机：供水温度为 150℃，回水温度为 90℃；安装温度 10℃，设计压力 1.57MPa。

试压标准：强度试压 2.40MPa，严密性试压 2.00MPa。

管线补偿形式：采用波纹管补偿器补偿及自然补偿；供回水方向为：干线为北供南回，分支为东供西回。

保温及防腐：直埋敷设的管道均采用预制直埋保温管，地沟内采用预制保温地沟管，检查室内管道采用高温玻璃棉瓦保温，波纹管补偿器采用高温玻璃棉保温；暗挖隧道及检查室内管道采用无机富锌底漆和聚氨酯面漆防腐。

隧道断面详如图 4–14 所示。

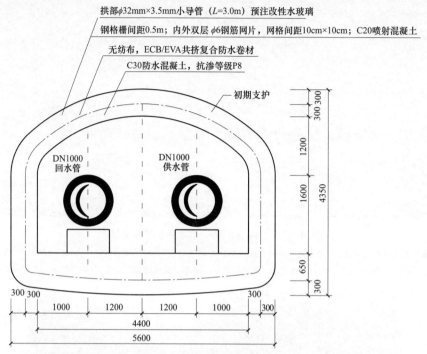

图 4-14　DN1000 隧道断面图

3. 水文地质

（1）地质概述。

黄杉木店路至褡裢坡西路路段直埋沟槽开挖深度 4.0～5.5m，暗挖竖井深 8.5～15.5m，暗挖隧道底板处深度约 7～9m。主要穿越地层有：粉质黏土–重粉质黏土层、黏质粉土–砂质粉土层，人工填土层、杂填土层等。

根据勘察报告，褡裢坡西路至东苇路路段地层从地面以下依次为：人工杂填土、粉土、黏质粉土、粉细砂、粉质黏土、粉土、粉细砂等。

（2）水文概述。

黄杉木店路至褡裢坡西路路段开挖深度范围内存在三层地下水，如图 4–15 所示，第一层为上层滞水；第二层为静止水位，埋深 9.1～11.5m，标高 18.66～21.96m，类型为潜水，含水层为细砂、粉砂层、砂质粉土–黏质粉土层；第三层为承压水，水头标高 15.33～18.38m，水头高度 0.4～2.3m，含水层为卵石层和细砂、中砂层。

根据勘察报告，褡裢坡东路至东苇路路段勘探深度范围内发现 3 层地下水，第一层为上层滞水，埋深为 2.65m；第二层为潜水，埋深 10.10～13.00m；第三层为承压水，埋深 14.10～18.70m，压力水水头高度为 0.3～3.7m。

隧道施工主要受上层滞水及潜水的影响。

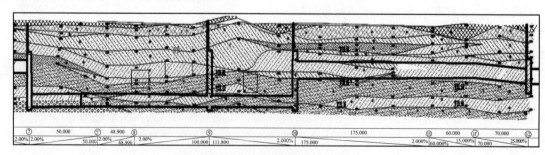

图 4-15　开挖深度范围存在三层地下水

4. 施工特点及重点

（1）工程专业多，组织管理任务重。

该工程为地下工程，既包括土建工程又包括热机工程，属于多种专业施工。各专业工期交叉多，要科学合理安排施工顺序，加大管理协调力度。

（2）沉降控制要求高。

该地下工程隧道需要穿越的管线众多。城市主干路和正在使用中的市政管线由于自身结构对地面沉降十分敏感，对地面沉降的要求非常严格。因此对隧道施工的防坍塌、防沉降要求较高。如何确保承受开挖带来的复杂荷载不致坍塌非常关键，为此必须采取一些必要的施工措施和科学的施工方法，确保城市主干路和现况管线在施工过程中的安全运行。

二、主要施工过程

主要工序的施工流程：

交接桩→测量放线→挖探坑→土方开挖（含初衬）→隧道初衬→隧道防水→隧道二衬→竖井二衬→管道安装对口→焊接、探伤→管道防腐保温→强度试验→管道焊口防腐→设备安装及附件安装→小室回填土→严密性试验→设备及附件防腐、保温→冲洗→试运行

（1）黄杉木店路至褡裢坡西路路段施工进度安排。

本段工程干线全长为 2173.8m。最长暗挖段 10～15 号隧道初衬 327m，各工序计划工期见表 4-1。

表 4-1　　　　　　　　　　　10～15 号各工序计划工期

施 工 段	总工期/天	详细工期/天	
黄杉木店路至褡裢坡西路	260	前期准备	8
		竖井初支施工	25
		隧道初支施工	109
		隧道二衬施工	67
		竖井二衬施工	77
		热机安装、试压	79
		严密性、试运行验收	11

（2）褡裢坡东路至三间房东路路段施工进度安排，本段工程 6～11 号全长约 297.05m，各工序计划工期见下表 4-2。

表 4-2　　　　　　　　　　　6～11 号各工序计划工期

施 工 段	总工期/天	详细工期/天	
褡裢坡东路至三间房东路	260	前期准备	15
		竖井初支施工	26
		隧道初支施工	128
		1′～2′顶管施工	58
		隧道二衬施工	44
		竖井二衬施工	47
		热机安装、试压	42
		严密性、试运行验收	11

（3）三间房东路至东苇路路段施工进度安排，11～13 号隧道初衬 298.9m，各工序计划工期见表 4-3。

表 4-3   11～13 号各工序计划工期

施 工 段	总工期/天	详细工期/天	
三间房东路至东苇路	260	前期准备	9
		竖井初支施工	23
		隧道初支施工	130
		隧道二衬施工	56
		竖井二衬施工	49
		热机安装、试压	41
		严密性、试运行验收	11

三、重要施工节点总结

1. 顶管施工

（1）顶管施工概况。

褡裢坡西路—三间房东路 1～2 号点暗挖隧道穿越现况排水沟，排水沟上口宽 28m，排水沟西侧上口边距 1 号点竖井中 53m，沟底距地面 3.5～4m。目前沟内淤泥较深，为了保证此段热力管线能够安全顺利施工，此段改为顶管施工，顶管长度为 45m，管径 $\phi1800$，在排水沟东侧设顶管施工竖井，竖井平面净尺寸为 7.0m×7.0m。

（2）竖井设置。

1）设置原则及位置。根据现场考察及整体考虑，现场道路通行条件、顶进距离而定，竖井布置如下：

该工程顶距较长，顶管施工完之后需与暗挖施工衔接，在排水沟的东侧设置 1 个竖井，竖井距排水沟上口外 5m，竖井做法采用钢格栅+连接筋+钢筋网片+混凝土+工字钢支撑的联合支护。顶进坑底板采用钢筋混凝土结构，竖井的施工原则：快开挖、强支护、小分块、短进尺、早成环。

2）顶管接收。由东向西顶进，在 1 号点东侧隧道内接收，顶管接收点距 1 号竖井 40m。

（3）顶管设备安装。

1）顶管后背。竖井验收合格后，安装顶管设备，首先浇筑后背，根据管道直径选择墙宽 7m，高 4m，墙厚 1m，内衬 $\phi14@150$ 双层双向钢筋网片，网片生根于底板钢筋，后背高度为底板下 1.5m 起计算。外侧以预制钢后背为模板，两侧支模，内浇混凝土，混凝土强度采用 C30。利用已完成顶进的管段做后背时，顶力中心与已完工管道中心重合。

2）后背的安装要求：

a. 顶进坑后背要有足够的强度，在顶进过程中能承受千斤顶的最大作用力；

b. 后背墙表面要平顺，并且垂直于顶进管道的轴线，避免产生偏心受压；

c. 后背的安装允许偏差为：

垂直度：0.1%H；

水平扭转度：0.1%L；

其中，H 为后背的高度，L 为后背的宽度。

d. 竖井封底。竖井采用钢筋混凝土现浇底板，厚度为 400mm；钢筋采用 $\phi18$ 钢筋，间距 150mm 双层双向布置。顶管竖井纵断面图如图 4-16 所示。

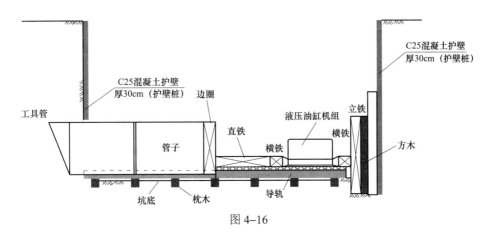

图 4-16

（4）管道顶进施工。

1）工程测量。

a. 施工测量、技术人员认真学习图纸，领会设计意图。熟悉施工现场的周边环境，认真做好导线点的交接桩工作，闭合永久水准点。结合实际情况引测利于施工的临时水准点，其闭合误差城区≤±$12L_1/2$mm；导线测量方位角的闭合差：≤±$40n_1/2$mm，导线测量相对闭合差≤1/3000；直线测量测距两次较差≤1/5000（"L"以 km 计，n 为站数）。

b. 各种测量仪器定期进行标定，满足精度要求后方可使用。冬季、夏季每个月对使用的钢尺，应进行拉力修正、温度修正和大地修正，使精度达到≤1/5000 的要求。所有测量仪器应运转灵活，经常检测水平仪 i 角，发现误差及时修正，及时调整。其他有关仪器如测距仪，应进行光标垂直气泡的修正，以确保测距的准确，误差≤10mm。经纬仪应按期进行检测标定，其直读误差≤2″。

c. 对所有的测量标志要求施工人员进行保护。其方法为：砌砖井进行防冻、防撞保护，井上设明显标志。对重要测量标志应使用全站仪进行坐标控制，坐标误差≤5mm、高程误差≤5mm。

2）顶进与纠偏。

a. 顶进

Ⅰ. 导轨、后背按交底安装完，把顶管设备就位后，即可进行顶管的顶进工作。第一节管下至导轨上，应校核导轨的中线和高程以及坡度，如没有问题方可顶进。顶进第一节管后，回注触变泥浆减阻。

工具管进入土层过程中，每顶进 300mm，测量应不少于 1 次；管道进入土层正常顶进时，每顶进 100mm，测量应不少于 1 次，纠偏时增加测量次数。

Ⅱ. 顶进的钢管间采用焊接连接，每道焊口经检测合格后，在管外侧按要求进行防腐层施工，检验合格后，继续顶进。

Ⅲ. 顶管挖方严格控制，不超过 30cm，顶部超挖不超过 2.5cm，管下部 135°范围内严禁超挖。出土有固定的出土方向，施工人员应协调配合，坑上堆土应随时清走。

Ⅳ. 顶进过程中，应随时进行高程和中心的校核测量，每班应有顶管记录和交接班记录。及时控制高程与中线，随时高程纠偏。

Ⅴ. 有错口时，应测出相对高差。

b. 纠偏时按下列要求进行：

Ⅰ. 顶进过程中随时检测顶管高程及轴线，发现偏差及时纠正。

Ⅱ. 应在顶进中纠偏。

Ⅲ. 应采取小角度逐渐纠偏。

其允许偏差为见表4-4。

表4-4 允 许 偏 差

项　　目	管径/mm	允许偏差/mm
轴线位置	≥1500	≤50
管道内底高程	≥1500	+20　-40
相邻管间错口	≥1500	≤20
对顶时两端错口		≤30

管径 φ≥1500mm 的最大超差超过 150mm 时，应返工重做。

为了减少顶进阻力，增大顶进长度，并防止塌方，管道顶进过程中在管壁与土壁的缝隙间注入触变泥浆，形成泥浆套，减少管壁与土壁之间的摩擦阻力。触变泥浆从前向后依次加入，顶进一段距离后及时进行补浆。为使膨润土充分分散，泥浆拌和后停滞时间在 12 小时以上。

在每根钢管设置两处注浆孔，同时在注浆孔处设置单向阀。在主管路处还设置了压力表，实时观测压力情况，顶进和平时都可补浆。注浆泵用离心式压浆泵，注浆口压力控制在 0.13～0.22MPa。（注浆泵特性：流量压力成反比），流量可自动调节，顶管时不停泵。

2. 热机施工方案

（1）施工工艺流程（图4-17）。

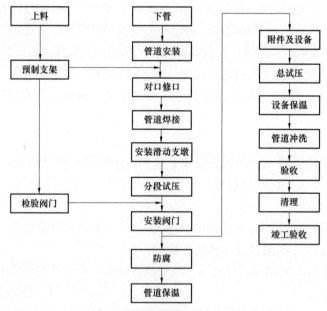

图4-17　热机施工工艺流程

（2）管道安装。

该工程计划将在竖井井口下管，根据竖井的尺寸确定所选管材的长度。下管前，根据竖井的周边环境及管材重量的影响，选择合适的吊车型号。管道安装示意如图4-18所示。

1）管道安装一般要求。

a. 钢管、管路附件等安装前应按设计要求核对型号，并按规定进行检验。

b. 焊缝及其他连接件的安装位置应留有检修空间。

2）管道支、吊架和滑托制作。

a. 固定支架应到具有相应资质的加工厂进行制作，验收合格后，运至现场进行安装。

b. 支架、吊架和滑托的形式、材质、外形尺寸、制作精度及焊接质量应符合设计要求，焊接变形应予以矫正。

c. 支架上滑托的滑动支撑板、滑托的滑动平面，导向支架的导向板滑动平面及支、吊架弹簧盒的工作面应平整、光滑，不得有毛刺及焊渣等。

d. 已预制完成并经检查合格的管道支架、滑托等应按设计要求进行防腐处理，并妥善保管。

e. 焊在钢管外皮上的弧形板应采用模具压制成形，用同径钢管切割的，应采用模具整形。

图4-18　管道安装图

3）管道支、吊架安装

a. 管道滑动支架间距：管线滑动支架严格按设计要求放设。滑动支墩在专业厂家预制加工，安装前支墩必须达到养护强度。

b. 支、吊架的位置应正确、平整、牢固，坡度应符合设计要求。管道支架支承表面的标高可采用加设金属垫板的方式进行调整，但不得浮加在滑托和钢管、支架之间，金属垫板不得超过两层，垫板应与预埋铁件或钢结构进行焊接。

c. 管沟敷设的管道，在沟口0.5m处应设支、吊架；管道滑托、吊架的吊杆应处于与管道热位移方向相反的一侧。其偏移量应按设计要求进行安装，设计无要求时应为计算位移量的一半。

d. 两根热伸长方向不同或热伸长量不等的供热管道，设计无要求时，不应共用同一吊杆或同一滑托。

e. 支架结构接触面应洁净、平整；固定支架卡板和支架结构接触面应贴实；导向支架、滑动支架和吊架不得有歪斜和卡涩现象。

f. 支、吊架和滑托应按设计要求焊接，不得有漏焊、缺焊、咬肉或裂纹等缺陷。管道与固定支架、滑托等焊接时，管壁上不得有焊痕等现象存在。

g. 管道支架用螺栓紧固在型钢的斜面上时，应配置与翼板斜度相同的钢制斜垫片找平。

h. 管道安装时，不应使用临时性的支、吊架；必须使用时，应做出明显标记，且应保证安全。其位置应避开正式支、吊架的位置，且不得影响正式支、吊架的安装。管道安装完毕后，应拆除临时支、吊架。

i. 有补偿器的管段，在补偿器安装前，管道和固定支架之间不得进行固定。

j. 固定支架、导向支架等型钢支架的根部，应做防水护墩。

k. 管道支、吊架安装的质量应符合下列要求：

Ⅰ. 支、吊架安装位置应正确，埋设应牢固，滑动面应洁净平整，不得有歪斜和卡涩现象。

Ⅱ. 活动支架的偏移方向、偏移量与导向性能应符合设计要求。

Ⅲ. 管道支、吊架安装的允许偏差及检验方法应符合有关规范规定要求。

4）管口对接。

a. 对接管口时，整段管线标高、方位无误后即可逐个焊口。应检查管道平直度，在距接口中心200mm处测量，允许偏差为1mm，在所对接钢管的全长范围内，最大偏差值不应超过10mm。

b. 钢管对口处应垫置牢固，不得在焊接过程中产生错位和变形。

c. 管道焊口距支架的距离应保证焊接操作的需要。

d. 焊口不得置于建筑物、构筑物等的墙壁中。

e. 管道焊接完成后应按规范采用X射线探伤，要求达到《金属熔化焊焊接接头射线照相》（GB/T 3323—2005）中Ⅱ级焊缝质量标准为合格。对不符合标准、不合格的焊口要求全部进行翻修，焊口返工次数不能多于 2 次。

5）阀门安装。

a. 供热管网工程所用的阀门，必须有制造厂的产品合格证。

b. 一级管网主干线所用阀门及与一级管网主干线直接相连通的阀门，支干线首端和热力站入口处起关闭、保护作用的阀门及其他重要阀门应由有资质的检测部门进行强度和严密性试验，检验合格，单独存放，定位使用，并填写阀门试验记录。

c. 按设计要求校对型号，外观检查应无缺陷、开闭灵活。

d. 清除阀口的封闭物及其他杂物。

e. 阀门的开关手轮应放在便于操作的位置；水平安装的闸阀、截止阀的阀杆应处于上半周范围内。

f. 当阀门与管道以法兰或螺纹方式连接时，阀门应在关闭状态下安装；当阀门与管道以焊接方式连接时，阀门不得关闭。

g. 有安装方向的阀门应按要求进行安装，有开关程度指示标志的应准确。

h. 并排安装的阀门应整齐、美观，便于操作。

i. 阀门运输吊装时，应平稳起吊和安放，不得用阀门手轮作为吊装的承重点，不得损坏阀门，已安装就位的阀门应防止重物撞击。

j. 水平管道上的阀门，其阀杆及传动装置应按设计规定安装，动作应灵活。

k. 焊接蝶阀应符合下列要求：阀板的轴应安装在水平方向上，轴与水平面的最大夹角不应大于 60°。严禁垂直安装；焊接安装时，焊机地线应搭在同侧焊口的钢管上；安装在立管上时，焊接前应向已关闭的阀板上方注入 100mm 以上的水；阀门焊接要求应符合本规范的规定；焊接完成后，进行两次或三次完全的开启以证明阀门是否能正常工作。

l. 焊接球阀应符合下列要求：① 球阀焊接过程中要进行冷却；② 球阀安装焊接时球阀应打开；③ 阀门在焊接完后应降温后才能投入使用。

四、项目经验总结

1. 地下管线及道路保护

（1）施工重点、难点关键技术、工艺：

热力隧道施工范围内有雨水、污水、给水、中水、燃气、电信、电力等管线，多种管线交叉通过，部分现况管线横穿热力竖井，位于竖井内，需要拆除、改移或悬吊加固支护保护。隧道、地沟下穿现况管线时需做好保护工作。

（2）处理措施：

1）开工前，进行全面物探、坑探调查，对影响范围内的管线，针对现况管线相对拟建热力管线位置、现况管线性质等，会同管线产权单位商谈拆改移、保护等方案，待方案各相关部门批准后实施。

2）依靠监控量测数据指导施工，及时反馈，做到信息化施工

委托第三方有资质的专业监测单位进行施工监控量测，加强对隧道穿越和临近的各种市政管线构筑物的监控量测。依靠监控量测数据指导施工，及时反馈，做到信息化施工。通过监控量测，掌握施工过程中地面建筑物的状况及地下开挖的状态参数、支护体系的受力状况等，根据信息及时反馈、及时调整各项施工参数，适应当前的工况，从而达到安全的、高质量的按时完成施工任务。密切监控量测，在洞内及洞外布设足够的观测点。制订严密的施工监测方案。利用信息化施工技术，对支撑受力、变形情况、周围土体、地下水位变化情况、地面沉降、周围地下管线、建筑物沉降、变形、倾斜等情况，全面置于监控之下，便于及早发现危险征兆，采取对应措施。

3）明确并制订各类环境（运营道路等）的安全控制值，并设警戒值。进行针对性强的严密的监控

量测，当监测数据达到警戒值或超过警戒值时，停止施工，修正支护参数后方能继续施工。工程施工过程中地层、支护结构和周围环境的动态变化始终置于可控状态。

4）施工前做好各种市政管线、构筑物的调查和勘探工作。施工前做好对隧道穿越和临近的各种市政管线构筑物的调查和勘探工作，进一步查明地下管线的具体位置、高程和走向，并对沿线构建筑物和各种市政管线编号登记，作为重点控制和监控对象。并针对不同的情况预先做好加固施工方案和预案。尤其是干线和分支横穿朝阳北路敷设的地段，必须加强对管线的保护工作，制订严密的加固施工方案和应急预案，并加强同各管线产权单位的沟通和协调。

5）严格控制隧道开挖过程中拱顶沉降

针对隧道穿越现况道路，对地面沉降十分敏感、地面沉降要求严格的特点，为确保地面建筑物和高架桥的安全，施工中必须保证隧道开挖面稳定，因此隧道上方采用"小导管棚+超前预注浆"方式支护，如图4-19和图4-20所示。及时注浆，保证注浆效果，切实有效地控制地面沉降。施工时尽量缩短工序间隔，做到开挖和支护时间尽可能短，尽快封闭成环，减少对周围土体影响，提高围岩的整体稳定性；全线采用雷达检测土体空洞情况，采用8条测线，及时进行初衬背后回填注浆。隧道施工过程中始终贯穿以"防塌、防沉"为核心的技术指导原则，把工程施工引起的地表沉降控制在规定允许值内，将施工过程中可能存在的塌方隐患降至最低，杜绝塌方事故的发生。

图4-19 竖井、隧道初期支护施工

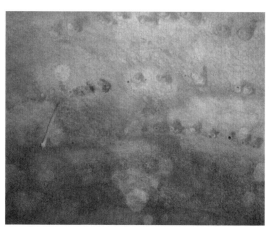

图4-20 超前小导管支护

2. 止、排水

（1）施工重点、难点关键技术、工艺：根据施工经验，本地区地下水位相对较高，主要影响该工程施工的地下水为潜水层及承压水层，位于隧道下拱或底板位置。隧道施工过程中如不采取可靠的措施必然会对隧道结构的施工造成极大的影响，又因该工程所处地段的交通比较繁忙，地下管线众多，考虑地下残余水的影响，暗挖隧道尤其在有地下构筑物和管线的路下暗挖施工隧道防沉、防塌，确保无水施工非常重要。

（2）处理措施：针对该工程的特点，采取有效地止水、排水措施，创造无水施工作业面条件，从而对工程质量、安全、工期等提供重要的保证。施工前做好地下水位的调查、采用隧道内全断面注浆止水等措施，并结合洞内水平引水管排水，局部滞水和残余水明排的措施，创造工作面无水的工作条件。其施工措施如图4-21所示。

图4-21 竖井、隧道注浆止水

隧道地层稳定性差，先做好隧道超前管棚支护和注浆止水加固。

3. 隧道下穿给水管

（1）施工重点、难点关键技术、工艺：

褡裢坡东路—三间房东路3~4号点、7~8号点隧道横穿现状DN2400给水管。

（2）处理措施：

1）施工过程中采取深孔注浆，辅以超前小导管进行超前支护，保证施工安全；

2）格栅加密至40cm，缩短开挖步距；

3）隧道的纵向连接筋加密至$\phi16@100$；

4）加强监控量测；

5）监控量测数值的时态曲线突变或达到警戒值时，及时封闭掌子面，进行分析处理，采取注浆加固和型钢加固有效支顶措施。

第三节　某热电再生水输水隧道

一、项目施工特点及重点

1. 项目概况

该工程再生水管线和污水管线全长15km，起点为酒仙桥污水处理厂，终点为北京市东北热电厂中心，如图4-22所示，工程采用压力供水，设计供水规模60 000m³/d，管道沿亮马河北侧绿化带、东五环路西侧、规划东坝南二街、坝河南二街、坝河南侧绿化带、温榆河大道西侧绿化带、高安屯七号路及高安屯八号路敷设。

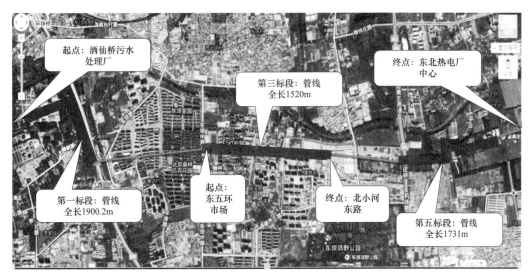

图 4-22　某热电再生水输水隧道位置示意图

如图 4-23 所示，第一标段为再生水管线起点，从酒仙桥污水处理厂出发，里程 0+000，终点为东坝南二街西侧，里程 0+947.5。设计管线总长为 1900m，干线管径为 DN1020，管材为钢管，钢管厚为 12mm。管道全线采用明挖跟顶管相结合施工，其中明挖 1342.5m，顶管 557.5m。

图 4-23　某热电再生水输水隧道第一标段位置示意图

如图 4-24 所示为第三标段，设计再生水管线位于规划东坝南二街，起点为东五环市场，里程 0+000，终点为北小河东路西侧，里程 1+520。设计管线总长为 1520m，干线管径为 DN1020，管材

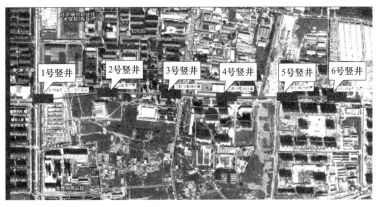

图 4-24　某热电再生水输水隧道第三标段位置示意图

为钢管，钢管厚为12mm。管道全线采用暗挖工法施工，断面为双洞形式，全线共设6座暗挖竖井，尺寸为8m×9m。

如图4-25所示为第五标段，设计再生水管线位于规划东坝南二街，起点为机场二通道，里程0+000，终点为东高路，里程1+731。设计管线总长为1731m，中水干线管径为DN1020，管材为钢管，钢管厚为12mm。管道全线0+000+0+769和0+909.2～1+731采用暗挖工法施工，总长为：1590.2m。断面为双洞形式，全线共设7座暗挖竖井，尺寸为8m×9m。

图4-25　某热电再生水输水隧道第五标段位置示意图

2. 设计概况

全线管道土建施工共涉及3种工法：明挖法、顶管法和浅埋暗挖法。

第一标段为明挖法和顶管法，其中：

一段明挖法，共计552.5m。

二段顶管工法，共计400.2m。

三段明挖法，共计790m，顶管法，共计：157.5m。

第三标段全线采用浅埋暗挖工法（图4-26），全长1520m。共设6个暗挖竖井，1～3号，4～5号井间距为320m，3～4号井间距为300m，5～6号井间距251m。

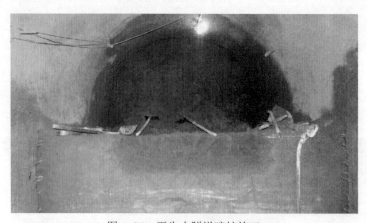

图4-26　再生水隧道暗挖施工

第五标段采用明挖和浅埋暗挖两种工法，全长1731m，其中：明挖总长为140.2m。暗挖施工总长为1590.2m。

暗挖竖井设计：暗挖竖井尺寸为8m×9m，其中，第三标段3号竖井尺寸受柏树影响改为8m×4m。竖井采用倒挂井壁施工，如图4-27所示。井深约7～14m。

隧道设计：该工程暗挖隧道断面二衬净空尺寸为1.4m×1.9m/2.2m×2.3m 双孔隧道，分别为污水和中水隧道。

3．水文地质

（1）地质概况。

1）第一标段。

根据场地钻探所提供的地层条件，按成因年代将勘探深度（最大孔深20.00m）范围内的地层划分为人工堆积层和第四纪沉积层两大类，并按其岩性、物理力学性质及工程特性进一步划分为5个大层及亚层，具体如下：

图4-27 竖井开挖

表层为人工堆积的一般厚度0.40～6.50m 的黏质粉土素填土、粉质黏土素填土①层及房渣土、碎石填土①1 层。

人工堆积层以下为第四纪沉积的黏质粉土、砂质粉土②层，重粉质黏土、粉质黏土②1 层，粉砂、细砂②2 层，黏土、重粉质黏土②3 层及砂质粉土、黏质粉土②4 层；粉质黏土、黏质粉土③层，黏土、重粉质黏土③1 层，细砂、粉砂③2 层及砂质粉土③3 层；细砂、中砂④层，粉质黏土、重粉质黏土④1 层及砂质粉土、黏质粉土④2 层；中砂、细砂⑤层，重粉质黏土、粉质黏土⑤1 层，黏质粉土、砂质粉土⑤2 层及有机质黏土、有机质重粉质黏土⑤3 层。

2）第三标段。

如图4-28 所示，1 号、2 号竖井经过第四纪沉积的黏质粉土、砂质粉土②层，砂质粉土、黏质粉土②4 层；粉质黏土、黏质粉土③层，③2 层及砂质粉土③3 层；1～2 号暗挖区间拱顶位于砂质粉土、黏质粉土②4 层（约270m）；粉砂、细砂②2 层（约50m），隧道底均落在含饱和水细砂、中砂④层，具有承压性，水头高度约1.5～2m。3 号竖井经过第四纪沉积的黏质粉土、砂质粉土②层，砂质粉土、黏质粉土②4 层；粉质黏土、黏质粉土③层，2～3 号暗挖区间同1～2 号区间。

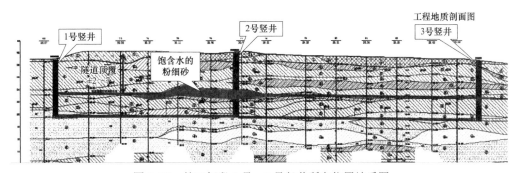

图4-28 第三标段1 号、2 号竖井所在位置地质图

如图4-29 所示，4 号竖井经过第四纪沉积的黏质粉土、砂质粉土②层，重粉质黏土、粉质黏土②1 层；粉质黏土、黏质粉土③层，5 号竖井主要经过细砂、粉砂③2 层及砂质粉土③3 层；3～4 号暗挖区间拱顶位于黏质粉土、砂质粉土②层，重粉质黏土、粉质黏土②1 层，隧道底均落在粉质黏土、重粉质黏土④1 层。4～5 号区间拱顶位于重粉质黏土、粉质黏土②1；隧道底均落在粉质黏土、黏质粉土③层（约200m），含饱和水细砂、中砂④层，具有承压性，水头高度约1.5～2.7m。

6 号竖井经过第四纪沉积的黏质粉土、砂质粉土②层，粉砂、细砂②2 层，粉质黏土、黏质粉土③层，黏土、重粉质黏土③1 层，细砂、中砂④层，5 号竖井主要经过细砂、粉砂③2 层及砂质粉土③3 层；5～6 号暗挖区间拱顶位于粉砂、细砂②2 层，粉质黏土、黏质粉土③层，隧道底均落在粉质黏土、黏质粉土③层（约200m），含饱和水细砂、中砂④层，具有承压性，水头高度约1.5～2.7m。

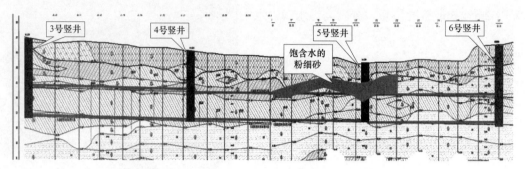

图 4-29　第三标段 3 号、4 号、5 号竖井所在位置地质图

3）第五标段。

如图 4-30 所示，1 号、2 号、3 号竖井主要受饱含水细砂、中砂④层，中砂、细砂⑤层影响较大，1～2 号暗挖区间主要在饱含水细砂、中砂④层，中砂、细砂⑤层，2～3 号暗挖区间隧道底部在饱含水中砂、细砂⑤层，施工风险较大。

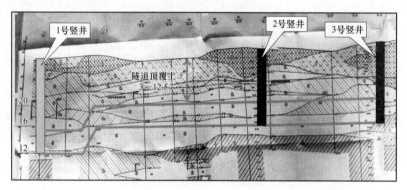

图 4-30　第五标段 1 号、2 号、3 号竖井所在位置地质图

如图 4-31 所示，4 号、5 号、6 号、7 号竖井主要受饱含水中砂、细砂⑤层影响较大，4 号竖井人工杂填土多，需提前进行加固处理。5～6 号、6～7 号、7～8 号暗挖区间隧道底部在饱含水中砂、细砂⑤层。

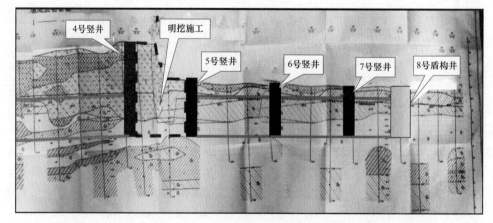

图 4-31　第五标段 4 号、5 号、6 号、7 号、8 号竖井所在位置地质图

（2）水文概况。

该工程勘察期间，在勘察钻孔内实测到 3 层地下水，具体各层地下水水位情况及类型参见表 4-5。

表 4-5

地下水水位量测情况一览表

序号	地下水类型	地下水稳定水位	
		埋深/m	标高/m
1	台地潜水	1.90～5.20	22.42～27.46
2	层间水（局部具承压性）	4.70～8.90	19.24～23.05
3	层间水（具承压性）	12.80～16.70	10.13～14.94

地下水在近 3～5 年最高地下水位标高 30.70m 左右。历年最高水位接近自然地面。

（3）特点及重点。

1）顶管施工中控制顶管的道路沉降值。

顶管施工要严格控制沉降，施工前制定施工测量方案，分析测量精度。施工前应建立地面与地下测量控制系统，控制点应设在不易扰动、视线清楚、便于校核和易于保护处。根据实际地质条件及沉降观测结果及时调整辅助施工措施和施工方法。施工监测采用巡视检查与仪器观测相结合的方式进行，路面的沉降观测委托具有相应资质的单位进行。

2）隧道穿越多处地下管线及现况道路，给施工增加了危险性。

对此，我单位将对工程有影响的管线采取悬吊保护措施；隧道内加强监控量测措施；管线截水导流措施、全断面注浆加固措施、加密格栅和超前小导管措施。同时对隧道穿越现况道路的大断面开挖工艺进行了优化，除按设计要求上下断面错开 10m 的距离外，隧道台阶法开挖。

3）隧道穿越地质复杂，地下水丰富，给施工带来一定的困难。

对此，我公司将采取全断面帷幕注浆止水措施，增加监控频率；同时缩小格栅榀距，减少土体悬空时间，早封闭成环。

4）隧道为大断面施工，增加了安全隐患。

该工程隧道开挖尺寸为 5700mm×3600/3200mm（宽×高）的双洞隧道，对此，施工前应优化施工步序，采用有专业施工队伍进行全断面帷幕止水施工，加强监控量测，根据量测值指导施工。

二、主要施工过程

考虑到第一、五标段介绍涉及暗挖工法不多，本节主要介绍第三标段施工过程。

其总进度计划见表 4-6。

表 4-6

序号	节点名称	工期/天	具体内容	工期/天
1	施工准备	7	测量放线	3
			场地平整	4
			施工临舍搭建	5
2	竖井施工	22	护坡桩施工	10
			止水帷幕施工	12
			竖井施工	15
3	隧道施工	54	隧道初衬施工	45
			ECB 防水层施工	37
			隧道二衬施工	37
4	管道施工	12	隧道内穿管及焊接	10
			支墩施工	8
5	井室施工及回填	7	井室砌筑	4
			土方回填	5
6	竣工验收	1	竣工验收	1

三、重点施工节点总结

1. 竖井施工

（1）竖井锁口圈梁施工，如图 4-32 所示。

图 4-32　3 号竖井锁口圈梁施工

锁口圈梁施工工序流程：测量放线→挖探沟→沟槽开挖→预插初衬竖向钢筋→绑扎锁口圈梁钢筋→预埋竖井龙门架及梯道预埋铁件→支搭锁口圈梁模板→浇筑锁口圈梁混凝土→养护→拆模。

锁口圈梁施工方法及步骤：为了保证竖井井筒结构稳定，需在井口设置现浇钢筋混凝土锁口圈梁。锁口圈梁混凝土强度等级为 C30，锁口圈梁设计为矩形的现浇钢筋混凝土结构，采用明挖施工。

施工前为确保地下管线的安全，采用在竖井施工范围内人工开挖十字探沟，查清确无地下管线后，首先用机械开挖至地面下 1.0m。锁口圈梁开挖至设计标高后，先进行平整开挖面，经现场监理检查合格后，浇筑 C15 混凝土垫层 100mm 厚，达到一定强度后开始绑扎锁口圈梁钢筋、支模。绑扎钢筋时并预埋工字钢，以便施作人行步梯。钢筋绑扎、支模经监理检查合格后，进行锁口圈梁混凝土浇筑，浇筑混凝土时，应将短插筋预留，以保证后面施工的挡水混凝土与锁口圈梁混凝土的连接牢固。

圈梁浇筑完成后应在其四周侧壁挂 $\phi6@100mm\times100mm$ 单层钢筋网片，并喷射 100mm 厚 C20 混凝土，为防止施工用水等流入竖井，然后在圈梁顶面上砌筑 360mm 厚挡土墙，挡水墙砌筑完成后，在墙体顶端施工 370mm×200mm 压梁，施工完成墙体高度 1.5m。

（2）竖井初衬施工。

该工程竖井施工方法采用网构喷射混凝土倒挂的方法进行施工。在锁口圈梁下采用水平钢筋格栅+钢筋网+连接筋+喷射混凝土+临时支撑。

土方开挖采用人工开挖，由上而下逆作施工，将渣土装入渣罐，通过电动葫芦提升至地面渣场。开挖必须分部分块进行，先挖核心土，四周留台阶，台阶宽 1m，然后挖边墙土方，采取对角开挖，且严禁对角同时开挖，严禁整个墙体同时悬空，竖井逐榀开挖，严禁超挖，防止井壁挤沉。开挖后应立即架设钢格栅，并用螺栓将其连接成整体，绑扎钢筋网片，焊接钢筋连接筋，然后进行锚喷混凝土完成支护，不得将土体长时间暴露。开挖时密切注意土体的稳定性，如发现异常，及时采取有效措施，确保施工安全。竖井施工中应严格控制井壁厚度及垂直度，水平钢格栅安装完毕后，必须经质检人员检验合格后方可进行锚喷混凝土施工。

竖井应随开挖随进行临时支撑的支护，沿竖井侧墙自井口而下每隔 4m 设置一道钢围檩，钢围檩与护坡桩上预埋钢板连接牢靠，钢支撑（直径 609mm）与钢围檩连接。竖井开挖期间相继完成提升架、人行扶梯安装，并在井底设一座 1.5m×1.5m、深 1m 的吊斗坑，坑壁使用喷射混凝土护壁，厚 50mm。

（3）竖井龙门架安装（图4-33）。

根据现场实际情况，每座竖井起重架设置2台5t电葫芦。安装后先进行空载和重载的安全检测，满足连续作业的要求。为保证竖井起重架导轨水平，起重架立柱下料前必须先由测量员精确测出圈梁各预埋铁的高程，并根据竖井高度确定每根立柱的不同下料长度并编号区分。起重架水平型钢及导轨焊接前，再次测量高程，如有偏差及时调整，确保电葫芦导轨的平滑直顺。为保证出土速度，竖井起重架均设置2台5t电葫芦，以满足连续作业的要求。

图4-33 竖井龙门架安装

2. 暗挖隧道施工

本标段暗挖隧道为双洞隧道，其中一侧为再生水管线隧道，另一侧为污水隧道。

（1）隧道初衬施工。

1）隧道初衬施工工艺流程。

隧道初衬施工工艺流程：施工准备→打入超前导管注浆加固→马头门施工→隧道初衬土方开挖→安装拱架、钢筋网片→喷射混凝土→后背注浆→清理验收。

暗挖隧道施工总原则为"管超前、严注浆、短开挖、强支护、设旁站、细观察、快封闭、勤量测"。隧道施工时首先采用超前小导管预注浆加固拱顶土体，然后分上下台阶开挖土方，挖土后进行钢筋格栅+钢筋网+连接钢筋+喷混凝土+模筑钢筋混凝土内衬联合支护，在两层衬砌间设防水夹层。

2）马头门施工，如图4-34所示。

① 隧道的施工由施工竖井开始进洞，在凿除竖井隧道口前，预先打入隧道的第一组超前支护（小导管）对开口段地层预注水泥浆进行加固。

② 注浆完毕后，即破除马头门处上半断面竖井井壁混凝土，割除该部位钢格栅，第一榀格栅架设上部拱架，并将其主筋与周围的竖井井壁钢格栅焊接牢固，施作锁脚锚杆，并及时喷射混凝土。然后破除马头门下部竖井井壁混凝土，割除该部位的钢格栅支撑，第一榀格栅架设下部拱架，同样将其主筋与周围的竖井钢格栅焊接牢固，并及时喷射混凝土。

③ 马头门洞口处前三榀格栅密排，并保证用连接筋将其与竖井格栅连为一体。隧道马头门施工

图4-34 3号竖井暗挖施工破马头门

做法具体详见如图 4-35 所示。

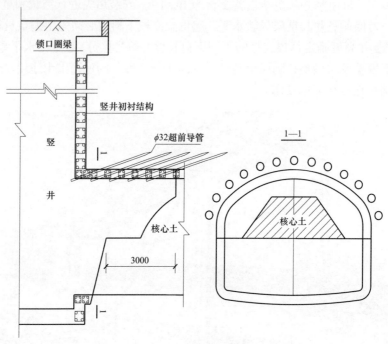

图 4-35　隧道马龙头施工做法剖面示意图（单位：mm）

3）土方开挖。

隧道初衬施工在超前注浆结束后进行。隧道初衬施工采用超短台阶法，遵循"短开挖、早支护"的施工原则，开挖时采用上下台阶法。并在上台阶中部保留一部分核心土，以支挡开挖面，增强稳定性。因该工程为双洞暗挖隧道，故土方施工须先从一侧隧道开挖，待进尺达到 10m 左右时，方可进行另一侧的隧道开挖，不得同时开挖。隧道暗挖隧道土方开挖断面情况如图 4-36 所示。

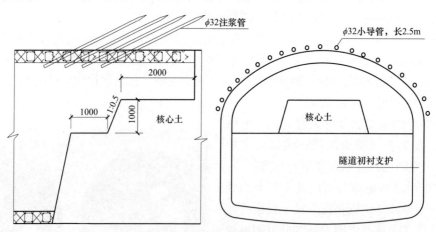

图 4-36　暗挖隧道土方开挖断面示意图（单位：mm）

开挖时在上台阶保留宽 2.0m，高 1.0m，纵向长 2.0m 左右的核心土。上下台阶间距控制为 2.5～3.0m，以保证下台阶土体留有足够的支护力，维持掌子面土体的稳定。作业时由人工用铁锹挖土，用小推车推至下台阶，下台阶的土再用小推车运至竖井底，用电葫芦提升至卸土场。隧道开挖轮廓应保证平直、圆顺，尺寸应大于隧道断面外轮廓 5cm，以便初期支护钢拱架的安装，如图 4-37 所示。

格栅上拱要及时支撑，直墙部分落底时，要及时进行初期支护，每一榀拱架的底脚均应支垫牢固，不得座在虚土上，连接板螺栓必须全部上牢，使隧道结构封闭成环，初期支护形成整体。

每个掘进循环间距为 500mm，必要时可进一步缩小榀距，施工中严禁超挖。在土质较差、过路口管线时，要注意加快格栅的封闭速度。开挖时应随时监护支护状态，发现异常情况应停止作业，及时向有关人员反映，查明原因并制订出可靠方案再进行施工。当工作中需停止开挖时，必须喷射混凝土封闭掌子面。

图 4-37　暗挖隧道土方开挖

（2）隧道二衬施工。

该工程隧道二衬结构为现浇钢筋混凝土结构。

1）隧道垫层混凝土施工。

隧道底板防水经验收合格后并进行垫层混凝土施工，垫层采用 C30 预拌混凝土一次浇筑成形，浇筑时必须严格控制顶面高程，不得高于设计高程，宽度应符合设计要求。隧道垫层厚度 5cm，要求表面平整。混凝土初凝后必须及时养护，垫层强度达到 70%后，方可进行下道工序施工。

2）钢筋绑扎，如图 4-38 所示。

绑扎底板钢筋前，首先在垫层面上弹线，侧墙插筋前也应在垫层面上弹线，以保证其位置准确。插筋要按设计要求的间距固定，固定时绑扎纵向分布钢筋两道。

钢筋规格型号、绑扎间距严格按照设计图纸要求执行，主筋搭接位置一定要错开，绑扎长度满足 $40d$，隧道内衬纵向钢筋插入竖井内衬，插入深度不小于 $30d$，隧道内衬环向钢筋采用焊接连接，钢筋焊接须严格按有关规范要求进行，搭接焊接长度不小于 $10d$。在同一截面受力钢筋的接头截面积受拉区不得超过总截面积的 25%，受压区不超过 50%。凡两个绑扎接头的间距在钢筋直径的 30 倍以内以及 50cm 以内的为同一截面。

所用钢筋型号、尺寸、间距都应符合设计要求，加工好的钢筋必须成堆、成型号堆放并挂标识牌。

所使用钢筋必须干净，无铁锈，局部无弯折。所安装钢筋必须一次成形，并有一定刚度。以致在浇筑混凝土过程中不发生变动。钢筋绑扎必须按要求留出保护层。

钢筋与垫层、钢筋与模板之间一定要按保护层厚度放置与混凝土同强度等级砂浆垫块，垫块制做要准确，薄厚一致，垫块应由专人制作，质检员验收，必须提前做好，在达到设计强度后方可使用。为确保钢筋工程质量，施工过程中严格执行 PDCA 循环，按规定做好检验和试验的工作，对查出的质量缺陷按不合格控制程序及时处理。

3）模板施工。

该工程隧道二衬模板均采用定型加工钢模板及钢支架。

① 模板支搭的质量是浇筑好混凝土的关键，隧道支模使用定型钢模板进行隧道支护，模板支搭前必须在地面进行试拼装，经过监理验收合格后方可投入使用。

图4-38 1号检查井钢筋绑扎

② 模板在使用前把板面、板边粘结的水泥浆清除干净，对因拆除而损坏边肋的模板、翘曲变形的模板进行平整、修复，保证接缝严密，板面平整。

③ 在支搭侧墙、拱顶模板前要先对底板的施工缝进行凿毛、吹扫、清洗，保证踢壳处的施工缝干净，以保证两次浇筑混凝土的整体性。

④ 模板支搭前，先清除干净模板上的杂物和钢筋上的油污等，模板支搭后堵严模板的缝隙和孔洞。

⑤ 模板专用支架使用前要先在样台上复合，重复使用时应注意检查，有变形时要及时修复。模板面涂刷脱模剂，以保证混凝土表面的外观质量。

⑥ 模板拼装时接头应整齐平顺，接头模板与壁面间隙应嵌堵紧密，在钢筋与模板之间绑扎砂浆垫块，以保证钢筋与模板间的保护层厚度符合设计及规范要求。

⑦ 送料口必须安装准确，间距10～15m，每仓两端要预留一个流浆管，以警示混凝土是否沉落。

⑧ 隧道模板加固水平支撑三道，沿长度900mm加固一道；斜撑和立撑也需900mm加固一道，如图4-39所示。

⑨ 模板及其支架必须有足够的承载能力、刚性和稳定性，能可靠地承受新浇混凝土的自重和侧压力，以及在施工过程中所产生的荷载。

⑩ 模板支立分两次，第一次为底板支模；第二次为侧墙及拱顶部分支模。

⑪ 混凝土浇筑时必须派专人看守，发现问题及时处理。拆模时间应在混凝土强度达到设计强度的75%以上方可拆模。

⑫ 隧道模板支搭方法如图4-40～图4-42所示。

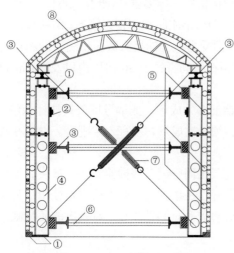

图4-39 暗挖隧道模板支搭图

①—垫木（垫块）；②—钩头螺栓；③—可调托；④—花梁；
⑤—6m钢管；⑥—钢管；⑦—紧丝器；⑧—拱架

图 4-40

图 4-41　再生水隧道二衬支模施工

图 4-42　再生水隧道二衬模板支撑

4）模筑混凝土施工，如图 4-43 所示。该工程隧道二衬施工采用商品免振捣混凝土，混凝土强度等级为 C35，抗渗等级 S6。

① 隧道二衬结构混凝土浇筑分两次完成，先浇筑底板，然后再浇筑侧墙拱顶混凝土。

② 隧道二衬混凝土浇筑前应对模板、支撑进行检查，并做记录，对已浇筑的混凝土进行剔凿清渣，用压缩空气吹扫，然后在混凝土面上洒水。浇筑隧道侧墙及拱顶混凝土时应保证左右对称、水平、分层连续灌注，同时要控制浇筑速度。浇筑竖井侧墙时每步浇筑达到规定高度后，间歇 1～1.5h，再进行下一步混凝土浇筑，以保证模板不移位。

图 4-43　1 号竖井锚喷混凝土施工

四、项目经验总结

根据设计图纸及地勘报告描述：本标段暗挖隧道局部位于第二层地下水（层间水）附近。另外本标段设计隧道穿越多处现况雨污水管线，因此地下渗漏水等也会给施工带来一定的影响。

竖井支护需制订严密可行的施工方案，并在施工过程中进行重点控制，以确保竖井基坑施工安全。

施工竖井周边在设置护坡桩和止水帷幕的基础上，仍需根据现场实际情况，采取有效的排水措施，以保证施工的安全。

隧道施工时，根据现场实际情况，在施工中将针对不同的地层结构以及地下水的渗漏情况，拟采取预注双液浆的施工方法，以达到止水加固的目的。

第四节　某轨道交通施工实践

一、项目施工特点及重点

1. 工程概况

北京地铁 14 号线（图 4-44）工程土建施工西局站—东管头站区间工程采用暗挖法施工左线设计里程为 K11+863.652～K13+21.480，全长 1157.957m，采用矿山法施工，右线设计里程为 K11+863.652～K13+21.480，全长 1157.828m。

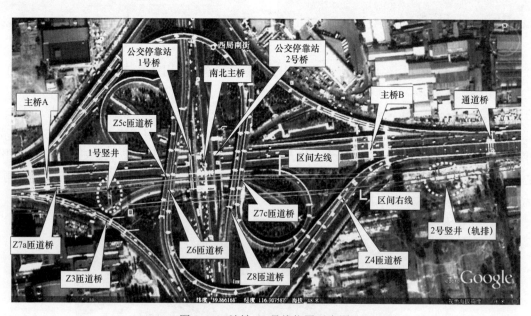

图 4-44　地铁 14 号线位置示意图

2. 设计概况

区间设 2 个施工竖井，其中 1 号竖井在丽泽桥区范围内（设联络通道），竖井内净尺寸 4.6m×6m，为倒挂井口格栅结构；2 号竖井在丽泽桥东侧规划绿地内，兼作轨排井（设联络通道），竖井内净尺寸 7m×30m，为直径 1000mm 的护坡桩+锚索围护结构，桩间距 1600mm。区间隧道主要穿越卵石、圆砾层，隧道顶面覆土为 10.76～14.94m。本段区间侧穿及下穿西三环丽泽桥桥桩为一级风险源；下穿 8m 宽暗雨污水合流的方沟为一级风险源；区间下穿 1～2 层既有房屋和各种现况地下管线为二、三级风险源。

3. 水文地质

本区间土层分布较为稳定，自上而下依次为人工堆积层（该层厚度变化较大，一般厚度 0.90～4.20m）、新近沉积层（该大层层顶标高约 35.94～49.80m）、第四纪沉积层、第三纪沉积岩层（该大层层顶标高为 6.30～17.78m），如图 4-45 所示。

拟建场地地面下 46.00m 深度范围内的松散沉积层中主要分布 1 层地下水，地下水类型为潜水。潜水主要赋存于标高 24.39～28.57m 以下的砂、卵石层中。

根据观测资料，工程场区近 3～5 年最高地下水位为：标高 22.60～20.80m（自西向东逐渐降低）；工程场区 1959 年最高地下水位接近自然地面。

根据目前确定的地下结构埋深条件，该工程的抗浮设计水位可按标高 45.20～43.40m 考虑（自西向东逐渐降低）。

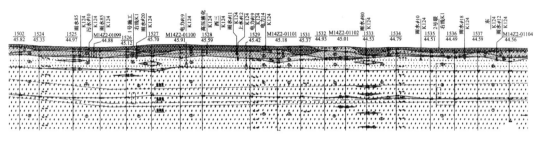

图 4-45

4. 特点及难点

（1）保护地下管线及构筑物，施工中对变形的控制是施工的重点与难点。

本段区间侧穿及下穿西三环丽泽桥桥桩为一级风险源；区间线路上方存在多条地下管线，尤其是给水管、雨污水管及燃气管，均为有压管线，其中下穿 8m 宽暗雨污水合流的方沟为一级风险源，区间下穿雨水管线为三级风险源，施工过程时刻受到给水、雨污水管线渗漏、破坏的威胁。区间下穿 1～2 层既有房屋为二级风险源，施工过程中严格控制地面沉降，保证房屋安全和正常使用。

由于该工程地质较差，同时在区间上方也有地下构筑物和较多的管线穿过，这就意味着解决好暗挖区间在初期支护与二次衬砌形成过程中的受力体系转换和力的平衡，防止结构变形、失稳和破坏，避免出现地面及拱部的过量沉降和坍塌就成为该工程的关键。故减小施工对地表沉降的影响，严格控制变形既是该工程的技术难点又是施工重点。

主要对策：

1）明确并制订各类环境（建筑物、管线、运营道路等）的安全控制值，并设警戒值，进行针对性强的监控量测，当监测数据达到警戒值或超过警戒值时，停止施工，修正支护参数后方能继续施工。工程施工过程中地层、支护结构和周围环境的动态变化始终置于可控状态。

2）施工过程中始终贯穿以"防塌、防沉"为核心的技术指导原则，把工程施工引起的地表沉降控制在规定允许值内，将施工过程中可能存在的塌方隐患降至最低，杜绝塌方事故的发生。

3）对不同的地段和环境制订针对性较强的、相对完善的技术措施。邻近建筑物及其前后及时径向打设 $\phi25$（$t=2.75mm$）注浆管加固地层，注浆管长 4.0m 间距 0.5m×0.5m，梅花形布置，注浆浆液为水泥浆。

4）施作超前探孔，及时了解地质变化，加强隧道超前支护、背后注浆以及监控量测等。

（2）砂卵石地层中超前支护、成孔困难。

暗挖区间主要穿越圆砾卵石层和卵石层，圆砾卵石和卵石层围岩虽在无水条件下自稳能力较强，但较为坚硬；据了解，其中不乏大粒径的卵石块，最大粒径砂卵石开挖后，区间石方运输困难。

主要对策：

1）超前小导管注浆。

可达1.0m，且比较集中，增加了开挖难度，同时此种地质由于粒径大，超前导管施作非常困难。

正常情况下，采用小导管进行超前预支护。鉴于砂卵石地层，超前小导管施工较困难，施工采取"早封面""管细短""少扰动""快凝固""固拱脚""侧（中）拉槽"的原则，超前小导管采用ϕ25钢管，壁厚2.75mm，长1.8m，环向间距300mm，纵向间距0.5m，每榀打设，纵向搭接长度不小于1.0m，小导管在初支外拱部140°范围沿环向布设，注水泥–水玻璃液浆。区间标准断面超前小导管打设一排，大断面打设两排，第一排打设角度15°，第二排打设角度30°，采用吹管与顶入相结合成孔。

2）超前深孔注浆。

若小导管无法打设或效果不佳，采取超前深孔注浆对地层进行预支护。鉴于超前小导管施工困难，为确保围岩稳定、开挖安全，地层变形小，采用超前深孔注浆的方式在区间隧道开挖前对地层进行超前预支护。超前深孔注浆加固施工的主要目的就是在隧道开挖前通过超前深孔注浆，对隧道开挖的拱部、侧墙2.5m范围以及两隧道中间土体进行加固，形成具有一定抗压强度和支承能力的支护结构，为隧道的开挖施工创造较好的施工条件，确保隧道开挖过程周边环境安全以及隧道结构安全。

超前深孔注浆每循进尺12m，后续注浆段均预留3m已注浆段作为止浆岩盘，钻孔间距1m×1m，梅花形布置，采用钻机成孔，浆液主要选用水泥–水玻璃浆液，分段注浆长度取为20～40cm左右。注浆顺序一般采用由里向外分段注浆。在每段采用由外向里式注浆法，即先注外层土体，使外层土体形成一个硬壳，以防止浆液上升外溢。

3）漂石处理方法。

开挖时，如遇到个别大漂石侵入区间结构，一般可以采取先隧道施工，后漂石处理的原则进行施工，绕过去后再处理。此处，缩小格栅间距，遇漂石处格栅断开，架设临时支撑，并对纵向连接筋进行加强，待隧道封闭成环后再用风镐凿除露头的漂石。但若遇到漂石集中分布时，格栅断开量较大会降低结构强度，危及隧道安全，若要保持格栅完整，则必须先对漂石进行处理。在小导管打不进去的情况下，直接剔除漂石，势必会引起隧道塌方；即便采取超前深孔注浆的方式对地层进行预加固，但漂石自身的强度比加固体的强度大得多，剔除漂石时会整体掉落，不仅可能砸伤人，而且可能引起塌方，超挖量也很大。在此情况下，可考虑大管棚超前支护，以发挥管棚的棚架作用。

二、主要施工过程

1. 本项目总体施工顺序

1号竖井土方开挖及初期支护→联络通道开挖及初期支护→联络防水及二衬结构施工→暗挖隧道开挖（先左线后右线，两线开挖面相距15m同步掘进）→暗挖区间防水及二衬结构施工。

2号竖井护坡桩施工→2号竖井开挖→竖井结构施工→联络通道开挖→暗挖隧道开挖（先右线后左线，两线开挖面相距15m同步掘进）→暗挖区间防水及二衬施工→联络通道防水及二衬结构施工。

2. 分部工程施工顺序

（1）1号竖井及联络通道。

竖井锁口圈梁和龙门架基础施工→井筒施工至上导洞底板位置→临时封底→上导洞洞门施工→上导洞施工至堵头墙→上导洞堵头墙施工→井筒施工至下导洞底板位置→临时封底→中导洞洞门施工→中导洞施工至堵头墙→中导洞堵头墙施工→井筒施工至设计底板位置→竖井封底→下导洞洞门施工→下导洞施工至堵头墙→横通道施工至端墙位置→横通道堵头墙封闭。

（2）2 号竖井及联络通道。

竖井护坡桩施工→土方摘帽→桩顶冠梁及挡墙施工→竖井分层开挖→随开挖随进行锚索施工→检底、钎探、验槽→底板垫层→防水层→底板结构→侧墙防水→侧墙、顶板→架设龙门架→联络通道开马头门→联络通道初期支护→区间暗挖施工→区间二衬施工→联络通道防水→联络通道二衬→封洞口→顶板防水→土方回填，恢复原地貌。

（3）暗挖区间施工顺序。

搭设作业平台→左线马头门施工→左线正常掘进至 15m→右线马头门施工→左右线正常掘进→防水层施工→二衬施工。

三、重点施工节点总结

1. 1 号竖井结构施工

（1）支护参数。

西局站—东管头站区间竖井支护参数见表 4-7。

表 4-7　　　　　　　　　　　　　　　　竖 井 支 护 参 数 表

项目		材料及规格	结构尺寸
初期支护	锁脚锚管	$\phi32\times3.25$，$L=1.75$m	竖向每榀打设，环向间距 1.2m，梅花形布置
	钢筋网	$\phi6.5$，150mm×150mm	单层钢筋网，四周铺设
	喷射混凝土	C20 喷射混凝土	0.3m
	格栅钢拱架	$\phi25$、$\phi14$、$\phi8$ 钢筋	间距 0.5m 或 0.75m
	纵向连接筋	$\phi22$ 钢筋	环向间距 1m，内外层交错布置
临时支护	钢支撑	工22	间距 0.5m 或 0.75m
	钢筋网	$\phi6.5$，150mm×150mm	单层钢筋网，四周铺设
	喷射混凝土	C20 喷混凝土	0.3m

（2）施工要点。

竖井采用格栅钢架+锁脚锚管+钢筋网+喷混凝土联合支护，土方开挖采用人工逐榀开挖，分层分段进行开挖和支护，具体如图 4-46 所示。施工时，先开挖竖井中间①部位土体，架设格栅后绑扎单层网片，喷射混凝土后，同上步序，施工竖井两端②部土体和井壁结构和临时支撑。竖井每步开挖进尺为 0.5m/榀。下一榀土方开挖时必须将上一榀格栅钢筋及钢筋网片附着的土体清理干净，不能留死角，否则导致喷射混凝土形成空洞或不密实。

根据监测情况及时调整支护参数或开挖方法。竖井为临时施工竖井，在横通道二衬施工完后均需要回填处理至现状。

（3）竖井封底。

竖井施工过程中，自上而下依次在上导洞和中导洞底板下 1.2m 处进行竖井临时封底，施作横通道上导洞和中导洞，竖井施工到设计标高后，进行竖井正式封底，施作横通道下导洞。临时封底做法同正式封底。竖井开挖支护至竖井底标高以上 30cm 时，人工清底找平。竖井封底采用钢架网喷混凝土，喷混凝土厚 0.3m，连接筋采用 $\phi22@500$mm，内外层交错布置，如图 4-47 所示。

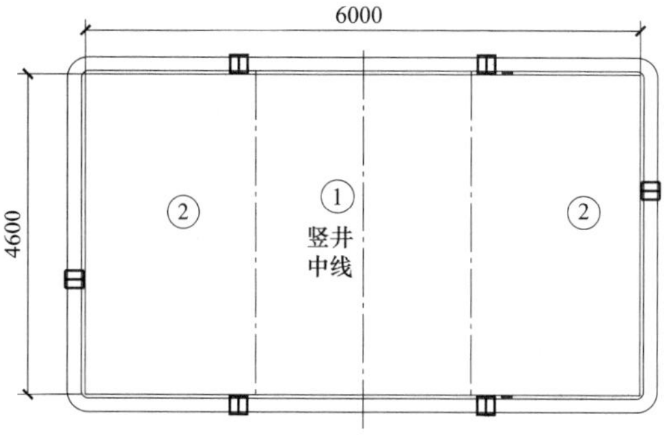

图 4-46　竖井分段开挖施工平面图

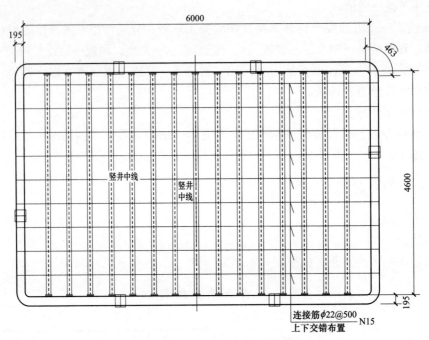

图 4-47　竖井封底布置示意图

2．2 号竖井结构施工

（1）支护参数。

西局站—东管头站区间竖井支护参数见表 4-8。

表 4-8　　　　　　　　　　　　轨 排 井 结 构 参 数 表

项　目		材料及规格	结 构 尺 寸
围护结构	钢筋网	$\phi 6.5$，150mm×150mm	单层网片，基坑壁布设
	喷射混凝土	C20 喷混凝土	0.1m
	钻孔桩	C30 喷混凝土	$\phi 1000$，间距 1.6m
	锚索	HRB400，1×7	水平间距最大为 1.6m
主体结构	顶板	C40 钢筋混凝土，P10	0.8m
	中板	C30 钢筋混凝土	0.6m
	底板	C40 钢筋混凝土，P10	0.9m
	端、侧墙	C40 钢筋混凝土，P10	0.8m

（2）竖井围护结构施工。

竖井围护结构采用钻孔灌注桩+锚索，钻孔灌注桩$\phi 1000@1600$，镶嵌深度为 5.5m。

（3）竖井冠梁施工。

待竖井围护桩施工完成后，开始冠梁施工。冠梁尺寸为 1000mm×1000mm，沿竖井四周浇筑。冠梁钢筋绑扎时要注意与桩体外露钢筋搭接锚固长度要符合设计要求，且不小于 $35d$，浇筑混凝土前必须清理桩顶的残渣、浮土和积水，浇筑尺寸要符合设计要求。

（4）竖井土方施工。

竖井基坑开挖必须在围护桩、坑内外地基加固、桩顶圈梁达到设计强度后方可进行。基坑开挖尺寸为 34.2m×9.6m。

四、项目经验总结

（1）洞内径向注浆，需要打设长导管，打管或钻孔期间对围岩扰动较大，掉块现象频发，不利于土体稳定，达不到封闭的施工要求，所以避免采用长管径向注浆。而初支背后回填注浆对开挖后期的沉降控制作用明显，因此要求进行重复的初支背后注浆。

（2）针对挡墙采取的锚杆+腰梁加固措施需要占路施工，从开挖情况来看，采取洞内措施和加强施工管理可以安全通过，不需要提前施作针对挡墙的锚杆+腰梁加固措施。

第五章　大断面暗挖法地下管廊施工

第一节　大断面暗挖法地下管廊施工概述

一、施工原理与适用性

大断面暗挖指的是断面宽度在 9m 以上，高度在 6m 以上的暗挖隧道。大断面暗挖的施工原理与标准断面相同，都是基于新奥法理论，考虑隧道施工的时空效应，充分利用土体的自稳能力，将大的断面分化成小的导洞，每个小导洞分别采用台阶法进行开挖支护，最后将临时结构破除，并施作二衬结构，形成断面较大的隧道，以满足城市生产、生活对地下大断面空间的要求。

根据不同的围岩工程地质条件、水文地质条件、工程建筑要求、机具设备、施工技术水平等多种因素进行综合考虑比选。多适用于双线或多线隧道、大型地下联络通道等工程。

二、施工方法概述

大断面暗挖隧道是采用大洞化小洞的方式进行开挖，根据小导洞的组合、布设形式及开挖顺序不同，大断面暗挖又分为中隔壁法（CD 法）、交叉中隔壁法（CRD 法）、中洞法、双侧壁导坑法、平顶直墙法等多种形式，如图 5-1～图 5-5 所示。

1. 中隔壁法（CD 法）、交叉中隔壁法（CRD 法）

中隔壁法也称 CD 工法，主要适用于地层较差和不稳定岩体，且地面沉降要求严格的地下工程施工。当 CD 工法不能满足要求时，可在 CD 工法基础上加设临时仰拱，即所谓的交叉中隔壁法（CRD 工法）。CD 法和 CRD 法以台阶法为基础，将隧道断面从中间分成 4～6 个部分，使上下台阶左右各分成 2～3 个部分，每一部分开挖并支护后形成独立的闭合单元。CD 工法和 CRD 工法在大跨度隧道中应用普遍，在施工中应严格遵守正台阶法的施工要点，尤其要考虑时空效应，每一步开挖必须快速，必须及时步步成环，工作面留核心土或用喷混凝土封闭，消除由于工作面应力松弛而增大沉降值的现象。

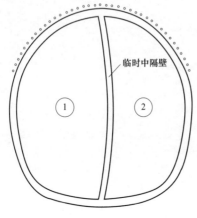

图 5-1　CD 法施工横断面示意图

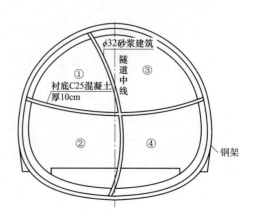

图 5-2　CRD 法施工横断面示意图

2. 中洞法

中洞法施工就是先开挖中间部分（中洞），在中洞内施作梁、柱结构，然后再开挖两侧部分（侧洞），并逐渐将侧洞顶部荷载通过中洞初期支护转移到梁、柱结构上。由于中洞的跨度较大，施工中一般采用CD、CRD 或双侧壁导坑法进行施工。中洞法施工工序复杂，但两侧洞对称施工，比较容易解决侧压力从中洞初期支护转移到梁柱上时的不平衡侧压力问题，施工引起的地面沉降较易控制。中洞法的特点是初期支护自上而下，每一步封闭成环，环环相扣，二次衬砌自下而上施工，施工质量容易得到保证。

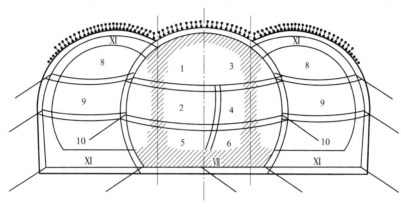

图 5-3 中洞法施工横断面示意图

3. 双侧壁导坑法

双侧壁导坑法又称眼镜工法。当隧道跨度很大，地表沉陷要求严格，围岩条件特别差，单侧壁导坑法难以控制围岩变形时，可采用双侧壁导坑法。双侧壁导坑法一般是将断面分成四块：左、右侧壁导坑、上部核心土、下台阶。导坑尺寸拟定的原则同前，但宽度不应超过断面最大跨度的 1/3。左、右侧导坑错开的距离，应根据开挖一侧导坑所引起的围岩应力重分布的影响不致波及另一侧已成导坑的原则确定。

施工顺序：开挖一侧导坑，并及时地将其初次支护闭合。相隔适当距离后开挖另一侧导坑，并建造初次支护。开挖上部核心土，建造拱部初次支护，拱脚支承在两侧壁导坑的初次支护上。开挖下台阶，建造底部的初次支护，使初次支护全断面闭合。拆除导坑临空部分的初次支护，施作内层衬砌。

4. 平顶直墙法

暗挖施工采用平顶直墙法施工，此法是 1994 年修建北京长安街过街通道时发展起来的，是在总结了以往施工技术的基础上，根据土体既是荷载又能承载的受力特点，利用其由稳定到破坏的时效性，进行的大胆创新。其优点是：适用性强，可形成多层多跨结构，空间利用率高，易于防水层的施作，结构节点易于施工。

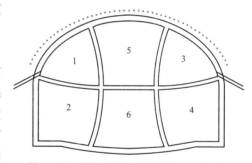

图 5-4 双侧壁导坑法施工横断面示意图

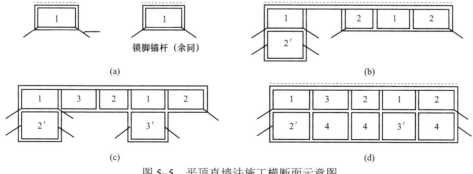

图 5-5 平顶直墙法施工横断面示意图

（a）第 1 步；（b）第 2 步；（c）第 3 步；（d）第 4 步

三、施工工艺流程

1. CD 法、CRD 法

CD 法、CRD 法施工工序流程图如图 5-6 所示,详细介绍见表 5-1。

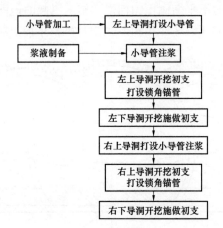

图 5-6　CD 法、CRD 法施工工序流程图

表 5-1

序号	图　示	施工步骤及技术措施
1	拱部超前小导管　1m 1m 1m 1 DN32锁脚锚管(余同)	第一步:超前小导管超前预注浆加固地层,开挖左上部导洞并施作永久及临时初期支护。左上导洞采用台阶法施工,预留核心土,采用锁脚锚管加固墙角
2	拱部超前小导管　1 2	第二步:开挖左下导洞,施作初期支护

续表

序号	图　　示	施工步骤及技术措施
3		第三步：超前小导管注浆加固右上导洞拱顶土体，台阶法开挖右上导洞，预留核心土，施作初期支护，采用锁脚锚管加固墙角
4		第四步：开挖右下部导洞并施作永久支护，封闭初期支护

2. 中洞法

中洞法施工工序流程图如图 5-7 所示，详细介绍见表 5-2。

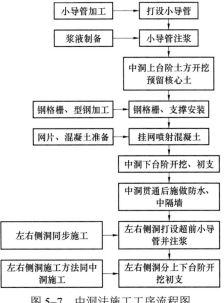

图 5-7　中洞法施工工序流程图

表 5–2

序号	施工工序示意图	文字说明
1		第一步:采用超前小导管注浆加固中洞拱顶,开挖洞室 1 并施作初期支护,预留核心土并采用锁脚锚杆加固墙脚
2		第二步:与 1 部错开 3～5m 后,开挖 2 部土体,及时初支,尽快成环
3		第三步:中洞贯通后,在中洞内铺设防水板,预留接头,施作中隔壁底纵梁
4		第四步:分段拆除临时支撑,浇筑中墙混凝土中隔墙完成后原拆除位置恢复临时横撑

续表

序号	施工工序示意图	文字说明
5	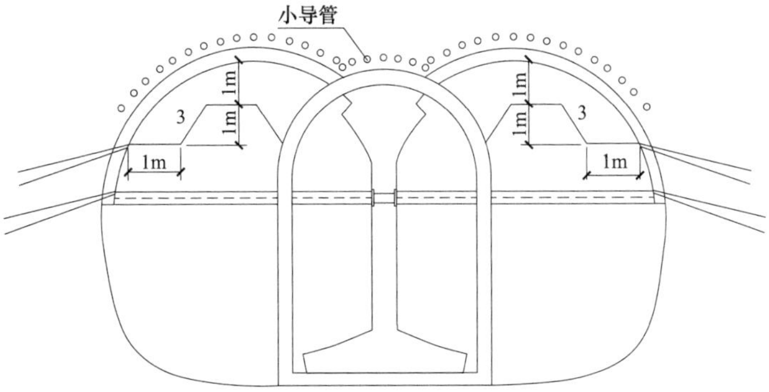	第五步：左右侧洞同步施工。超前小导管注浆加固拱部，左右侧洞同步开挖3部土体，预留核心土，施作初支，架设工字钢横撑，打设锁脚锚管
6	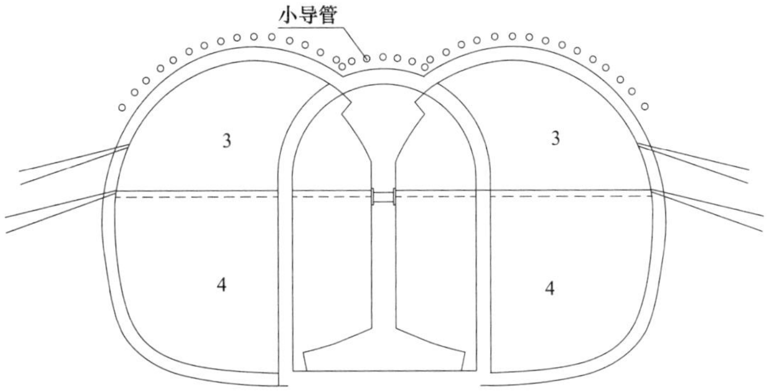	第六步：同步开挖侧洞4洞室土体，施作侧洞下部初期支护，初支封闭成环

3. 双侧壁导坑法

双侧壁导坑法见表5-3。

表5-3　　　　　　　　　　双侧壁导坑法

序号	施工工序示意图	文字说明
1	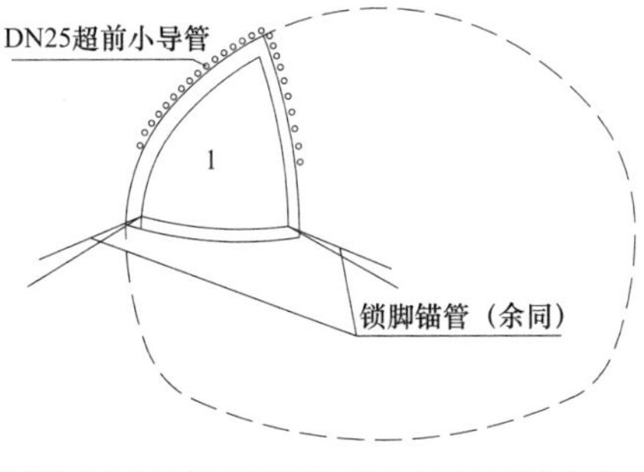	第一步：超前小导管超前预注浆加固地层，开挖①部导洞并施作初期支护。采用锁脚锚杆加固墙脚
2	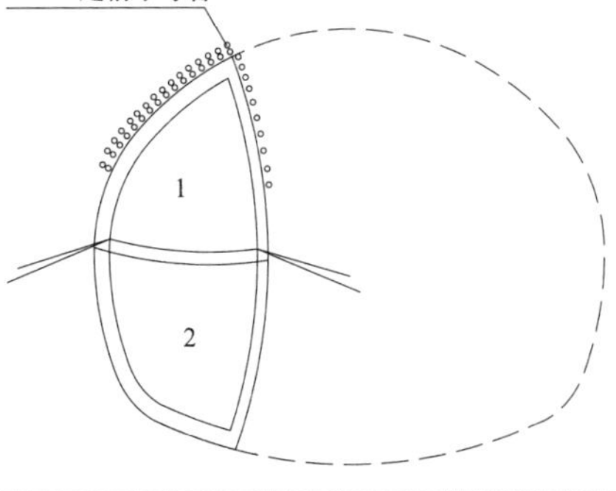	第二步：与1部错开3～5m后，开挖2部土体，及时初支，尽快成环

序号	施工工序示意图	文字说明
3		第三步：超前小导管注浆加固③导洞拱顶土体，台阶法开挖右上导洞，预留核心土，施作初期支护，采用锁脚锚管加固墙角
4		第四步：与3部错开3～5m后，开挖4部土体，及时初支，尽快成环
5		第五步：与4部错开3～5m后，超前小导管注浆加固⑤导洞拱顶土体开挖⑤部土体，及时初支，尽快封闭
6		第六步：与5部错开3～5m后，开挖6部土体，及时初支，尽快成环

4. 平顶直墙法

平顶直墙法施工步骤如图5-8所示。

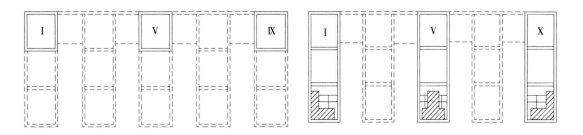

第一步：开挖Ⅰ、Ⅴ、Ⅸ号洞室的上导洞

第三步：开挖Ⅰ、Ⅴ、Ⅸ号洞室的下导洞，并施做防水，浇筑二衬，并保留模板、支撑

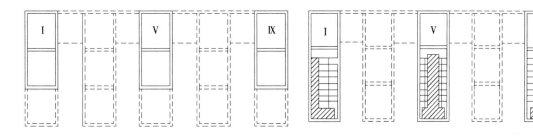

第二步：开挖Ⅰ、Ⅴ、Ⅸ号洞室的中导洞

第四步：拆除中导洞下横隔壁，继续施做防水。浇筑二衬，并保留模板、支撑

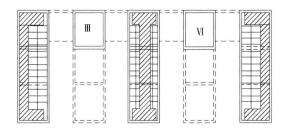

第五步：开挖上导洞的下横隔壁，并继续施做防水，浇筑二衬，并保留模版、支撑。开挖Ⅲ、Ⅶ号洞室的上导洞

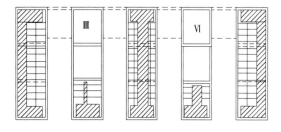

第七步：开挖Ⅲ、Ⅶ号洞室的下导洞，并继续施做防水，浇筑二衬，并保留模板、支撑

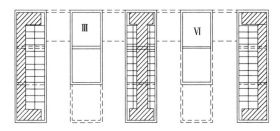

第六步：继续开挖Ⅲ、Ⅶ号洞室的下导洞

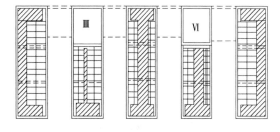

第八步：拆除Ⅲ、Ⅶ号中导洞下横隔壁，并继续施做防水，浇筑二衬，并保留模板、支撑

图5-8 平顶直墙法施工步骤

第二节　某地铁下穿高速公路施工实践

一、项目施工特点及重点

1. 工程概况

地铁亦庄线线路起点为地铁五号线宋家庄站南侧,终点为亦庄火车站。BT14 标段工程内容包括亦庄火车站及站后出入段线到车辆段区间段,位于整个 BT 工程的终点。其位置图如图 5-9 和图 5-10 所示。

图 5-9　亦庄线工程线路方案示意图及 B14 标段所在位置

图 5-10　B14 标段位置示意图

2. 设计概况

暗挖段断面及竖井尺寸如图 5-11 所示。

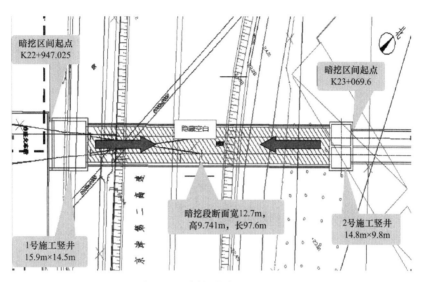

图 5-11　暗挖隧道区间平面图

暗挖断面图如图 5-12 所示。

3. 水文地质

该项目所处位置自上而下可分为人工填土层、新近沉积层及第四纪沉积层三大类，如图 5-13 所示，基岩（寒武纪）埋深一般在 67m 左右以下。

该区域潜水的天然动态类型为渗入–蒸发、径流型，主要接受大气降水入渗、农林灌溉水入渗和地表水体渗漏补给，并以蒸发、径流方式排泄。

潜水—承压水的天然动态类型为渗入–径流型，以地下水侧向径流补给、越流补给为主，并以侧向径流、人工开采为主要排泄方式。

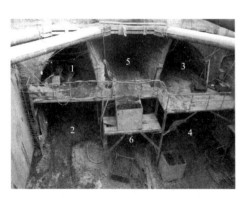

图 5-12　暗挖断面示意图

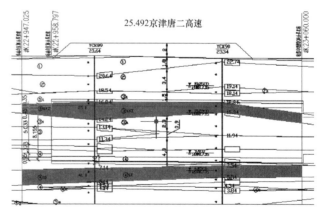

图 5-13　水文地质示意图

4. 特点及重点

亦庄线占地面积大，里程长，经过的路段较多，施工范围内的地下管线情况复杂。

地铁亦庄线 BT 工程主要重点有工程建设整体管理、明挖车站与盾构区间施工的协调、预制梁架设与节点桥、高架车站施工之间的协调、预制梁加工、全线控制测量等。具体重点分析和相应的处理及保证措施详见表 5-4。

表 5-4 项目重点分析和相应的处理及保证措施

项目重点名称	原 因 分 析	相应的处理及保证措施
工程建设整体管理	1. 地铁亦庄线 BT 工程包含 13 个车站和 15 个区间，施工范围包括结构、装修、设备安装等，工程规模大。 2. BT 工程与非 BT 工程存在众多的接口，接口的协调管理好坏对地铁亦庄线的整体建设有着重要影响。 3. BT 工程内部土建与装修、土建与设备安装、装修与设备安装各个阶段的协调管理好坏影响整个 BT 工程的施工	1. 将整个工程根据工程的特点划分为 10 个工区，以工区为单位组织施工，总承包经理部负责协调工区之间的关系。 2. 成立专门的协调小组，负责 BT 工程与非 BT 工程接口的管理。制定接口管理计划及管理流程，以全线贯通和联动调试为主线，保证全线的整体施工。 3. 制订总体施工流程，确定关键施工线路，各个专业围绕主线进行施工安排
明挖车站与盾构区间施工的协调	1. 宋家庄站～南四环站正线盾构始发和接收井设置在南四环站北侧。 2. 南四环站～小红门站区间盾构左右线始发站设置在南四环站南侧，接收井设置在小红门站北侧。 3. 垡渠站～次渠站区间盾构左右线始发站设置在垡渠站东侧，接收井设置在次渠站西侧。 4. 次渠站～亦庄火车站站区间盾构左右线始发站设置在次渠站东侧，接收井设置在亦庄火车站站西侧	1. 车站施工要先施工两端盾构井及盾构施工所需场地部分。 2. 车站和区间施工相互配合，重点是接口的管理。 3. 区间盾构施工完毕后，再进行车站端头盾构井位置处预留结构的施工
预制梁架设与现浇节点桥、高架车站施工之间的协调	1. 高架区间共有 345 孔预制梁、22 个现浇节点桥、8 个高架车站。 2. 两过凉水河节点桥、跨南五环节点桥、跨京津塘高速路节点桥等现浇桥施工难度大，施工工期较长。 3. 预制梁采取架桥机整孔吊装	1. 高架区间以两过凉水河桥、跨南五环路桥、跨京津塘高速路桥等现浇桥的施工为关键线路，预制梁加工与架设围绕其进行施工安排。 2. 高架车站先施工下部框架结构和轨道梁，待全线预制梁架设完毕后，再施工上部钢结构。 3. 考虑到高架区间线路总长有 14.56km，架桥机采取运架分离的方式，提高施工速度
预制梁加工	1. 预制梁标准长度有 25m、30m 两种，桥上部宽度为 9m、下部 3.9m，高度 1.8m。 2. 25m 标准预制梁重量约为 320t，30m 标准预制梁重量约为 375t。 3. 混凝土强度等级为 C50。 4. 预制梁张拉采取预应力钢绞线后张拉方式	1. 预制梁加工采取梁场集中加工，需合理布置梁场，保证预制梁加工的正常进行。 2. 保证预制梁加工台座和存梁台座的施工质量，防止台座变形而影响预制梁的质量。 预制梁混凝土所采用的砂子、石子、水泥、外加剂必须采用同一品牌或同一产地，以保证混凝土的颜色统一
全线贯通测量	1. BT 工程与非 BT 工程中宋家庄站、车辆段存在贯通测量。 2. BT 工程内部车站与区间之间存在贯通测量	1. 测量实行统一管理，各区各负其责。 2. 总承包部负责 BT 工程测量基点的设置。基点经监理验收合格后，并由业主委托的第三方测量单位进行全线贯通合格后，由总承包部再交付给各工区。 3. 各工区单独对本工区范围内施工项目进行测量，总承包部负责测量复核
架桥机的选型	1. 预制梁标准长度有 25m、30m 两种，桥上部宽度为 9m、下部 3.9m，高度 1.8m。 2. 25m 标准预制梁重量约为 320t，30m 标准预制梁重量约为 375t。 3. 区间曲线半径为 3000m、1000m、800m、600m 的曲段采取预制梁整孔吊装，450m、380m 曲段采取现浇梁	1. 综合考虑梁的体积、重量和线路的曲线半径以及施工总体部署等因素，选用运架分离式架桥机。 2. 架桥机起吊能力为 450t，是预制梁重量的 1.2 倍。 3. 架桥机吊装最小施工半径为 500m。 4. 调整架桥机的运行参数，使其正常行走最小半径小于 380m
盾构机的选型	1. 盾构穿越土层基本为黏土层或粉细砂层。 2. 部分隧道进入潜水水位	1. 综合考虑工程地质、水文情况及现场的实际情况，5 个盾构区间均选择土压平衡式盾构机进行施工。 2. 针对单台盾构施工距离较长（约为 2.2km），盾构机刀盘选用硬质材料，延长刀具的使用时间，减少更换刀具的次数。 3. 配备自动测量导向系统

二、主要施工过程

该工程总体施工组织安排为先主体，再装修和设备安装，最后联动调试和试运行。

1. 工区配置

该工程分为土建、装修、设备安装、联动调试、试运行等阶段，根据工程性质土建、装修施工工区统筹安排，设备安装施工工区统筹安排。土建施工分区表见表 5-5。

表 5-5 土 建 施 工 分 区 表

工区名称	工 程 内 容	结构施工方法	备注
土建第一工区	宋家庄站出入段线 (YCHKO+163.000～YCHK1+325.000)	明挖+盾构	出入段线盾构区间和宋家庄站～南四环站盾构区间采用 1 台盾构,先施工出入段线盾构区间,后施工宋家庄站～南四环站盾构区间
	宋家庄站～南四环站 (YKO+515.000～YK1+476.600)	盾构	
	南四环站 (YK1+476.600～YK1+666.600)	明挖	
土建第二工区	南四环站～小红门站 (YK1+666.600～YK3+882.000)	盾构	南四环站～小红门站盾构区间采用 2 台盾构,左右线各采用 1 台盾构前后进行施工
	小红门站 (YK3+882.000～YK4+099.300)	明挖	
	小红门站～出地点 (YK4+099.300～YK4+760.000)	暗挖+明挖	
土建第三工区	出地点～旧宫东站 (YK4+760.000～YK6+331.600)	高架+路基	本区间包括高架车站和区间现浇梁及预制梁的桩基、承台、墩柱、盖梁
	旧宫东站 (YK6+331.600～YK6+452.400)	高架	
	旧宫东站～亦庄站 (YK6+452.400～YK8+313.600)	高架	
	亦庄站 (YK8+313.600～YK8+434.400)	高架	
	亦庄站～商城站 (YK8+434.400～YK9+306.600)	高架	
	商城站 (YK9+306.600～YK9+427.400)	高架	
	商城站～隆庆街站 (YK9+427.400～YK11+054.600)	高架	
	隆庆街站 (YK11+054.600～YK11+175.400)	高架	
	隆庆街站～荣京街站 (YK11+175.400～YK12+124.600)	高架	
土建第四工区	荣京街站 (YK12+124.600～YK12+245.400)	高架	本区间包括高架车站和区间现浇梁及预制梁的桩基、承台、墩柱、盖梁
	荣京街站～荣昌街站 (YK12+245.400～YK13+478.600)	高架	
	荣昌街站 (YK13+478.600～YK13+599.400)	高架	
	荣昌街站～同济南路站 (YK13+599.400～YK15+816.600)	高架	
	同济南路站 (YK15+816.600～YK15+937.400)	高架	
	同济南路站～经海路站 (YK15+937.400～YK18+071.600)	高架	
	经海路站 (YK18+071.600～YK18+192.400)	高架	
	经海路站～入地点 (YK18+192.400～YK18+930.000)	高架+路基	
土建第五工区	入地点～垡渠路站 (YK18+930.000～YK20+100.750)	明挖+暗挖	垡渠路站～次渠站和次渠站～亦庄火车站站盾构区间均采用两台盾构,左右线各采用一台盾构前后进行施工
	垡渠路站 (YK20+100.750～YK20+298.550)	明挖	
	垡渠路站～次渠站 (YK20+298.550～YK21+396.180)	盾构	
	次渠站 (YK21+396.180～YK21+580.900)	明挖	
土建第六工区	次渠站～亦庄火车站站 (YK21+580.900～YK22+675.940)	盾构	
	亦庄火车站站 (YK22+675.940～YK22+956.197)	明挖	
	亦庄火车站站～终点 (YK22+956.197～YCK0+610.000)	明挖+暗挖	

由上表可知：本标段（BT14 标段）位于土建第六工区。

2. 土建第六工区施工安排

（1）次渠站施工安排。

次渠站围护结构及土方施工分成两个施工段，主体结构施工分成四个施工段，装修施工分成两个施工段。

围护桩总数约为 390 根，施工时安排 4 台反循环钻机。土方总量约为 71 000m³，施工时安排 2 台反铲挖掘机，结构施工时安排 2 台履带吊负责垂直运输。

（2）亦庄火车站站施工安排。

亦庄火车站中间地下一层结构在进行京津城际铁路时已经施工完毕，两端地下二层结构围护结构及土方施工分成两个施工段，主体结构施工分成四个施工段，装修施工分成两个施工段。

围护桩总数约为 400 根，施工时安排 4 台反循环钻机。土方总量约为 68 000m³，施工时安排 2 台反铲挖掘机，结构施工时安排两台履带吊负责垂直运输。

（3）亦庄火车站—终点施工安排。

1）暗挖区间施工安排。

暗挖区间长度为 114.4m。暗挖施工分一个区段施工，在暗挖结构北端设一个竖井。

暗挖分别采取导洞法、中隔壁法和台阶法施工。

2）明挖区间施工安排。

明挖区间长度为 774m，明挖围护结构及土方施工分成四个施工段，主体结构施工分成四个施工段。

围护桩总数约为 910 根，施工时安排八台反循环钻机。土方总量约为 54 000m³，施工时安排两台反铲挖掘机，结构施工时安排两台履带吊负责垂直运输。

三、重点施工节点总结

重点施工节点分析和相应的处理及保证措施详见表 5-6。施工现场图如图 5-14 所示。

表 5-6　　　　　　　　　　　重点施工节点分析和相应的处理及保证措施

重点施工节点名称	原 因 分 析	相应的处理及保证措施
二跨凉水河桥悬臂现浇法施工	1. 二跨凉水河桥设计采用（40+60+40)m 预应力混凝土连续梁。 2. 桩基、承台、墩身施工采用搭设栈桥或筑岛方式，梁采用挂篮悬臂现浇法施工	1. 栈桥或筑岛要牢固，保证支架的稳定。 2. 0 号块的临时固结。 3. 0 号块两端平衡对称同步施工。 4. 线形控制，着重控制梁的标高。 5. 合龙段施工时要注意温度控制
跨南五环路桥悬臂现浇加转体法施工	1. 跨南五环路桥设计采用（45+75+45)m 预应力混凝土连续梁。 2. 南五环路南侧支架现浇主梁转体结构，南五环路北侧挂篮悬臂现浇主梁转体结构。支架现浇边跨合龙段，中跨采用挂篮现浇合龙段	1. 严格控制上下转盘的施工质量，尤其是滑道、转盘的平整度、光滑度。 2. 施工时严格控制桥梁重心位置始终处于安全范围内，同时为使千斤顶受力合理，每束牵引索索道与对应千斤顶轴心线应在同一标高上。 3. 调试牵引系统，清理、润滑环道，拆除有碍平转的障碍物；先让辅助千斤顶达到预定吨位，再启动牵引牵引千斤顶使转动体系启动，然后由牵引千斤顶拉动牵引索平转。转体时严格控制转体速度，防止出现桥体失稳倾覆。 4. 提前获取转体当天当地的气象信息，避免可能出现的大风对转体工作的危害，并采取有效防范措施
跨京津塘高速路桥悬臂现浇法施工	1. 跨京津塘高速路桥设计采用（36+60+36)m 预应力混凝土连续梁。 2. 挂篮对称逐段悬臂施工各节段，支架现浇边跨合龙段，中跨采用挂篮现浇合龙段	1. 0 号块的临时固结。 2. 0 号块两端平衡对称同步施工。 3. 线形控制，着重控制梁的标高。 4. 合龙段施工时要注意温度控制。 5. 做好安全防护，保证下面京津塘高速路的运行安全

马头门桩间注浆

洞内注浆

侧墙二衬钢筋

顶拱防水

顶拱封闭后拆除临时中隔壁

二衬结构施工完毕

图 5-14　施工现场图

四、项目经验总结

（1）地下车站均采用明挖方案，设备用房非集中端（短端）的风道外墙与公共区出入口的外墙之间的空隙很窄（3m左右），存在浪费围护结构成本和带来施工的不方便，可以适当移动出入口通道位置使两者外墙重合。

（2）高架车站总长120m，结构未设变形缝，而用预应力解决温度应力。可沿纵向设置一道变形缝，纵梁不加预应力，从而简化一道施工工艺。

（3）根据经验车站横梁按现截面尺寸不采用预应力似亦应能满足受力要求，不必再采用预应力。如果考虑架桥机通过，可采取临时加固措施。

（4）跨南环公路桥（26.3+37.7+26.3）m预应力混凝土连续梁、跨景源街桥（25+35+25）m预应力混凝土连续梁，梁高可以做成1.8m，与标准梁等高。

（5）跨旧宫北路桥（27+46+27）m预应力混凝土连续梁、跨荣华北路桥（35+50+35）m预应力混凝土连续梁，箱梁横断面可以做成1:3.5坡度的斜腹板，与标准梁协调一致，连接顺畅。

第三节　某地铁下穿公路平顶直墙施工实践

一、项目施工特点及重点

1. 项目概况

项目概况如图5-15所示。

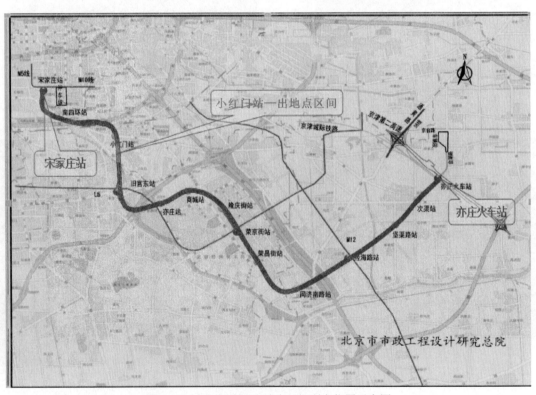

图5-15　小红门站至出地点区间所在位置示意图

小红门站至出地点区间全长660.7m。位于亦庄线工程小红门站—旧宫东站区间中段,为地下向地面过渡段。项目采用的工法示意图如图5-16所示。

图5-16　小红门站至出地点区间采用工法示意图

区间全长664.7m,其中包括254.7m的标准断面暗挖隧道、55m平顶直墙暗挖隧道、80m明挖箱形结构和270mU形槽结构。

2. 设计概况

过通久路段平顶直墙暗挖隧道全长55m。线路位于半径为800m的圆曲线上,左、右隧道线间距为8.4~9.7m,净距为2.4~3.7m。隧道为6.36m×6m的平顶直墙隧道。初期支护采用CRD法施工。隧道断面示意图如图5-17所示。

初期支护:300mm厚C20网喷混凝土,钢架间距0.5m。

二次衬砌:400mm厚C40模筑防水混凝土,抗渗等级P8。在初期支护和二次衬砌之间设柔性防水层。

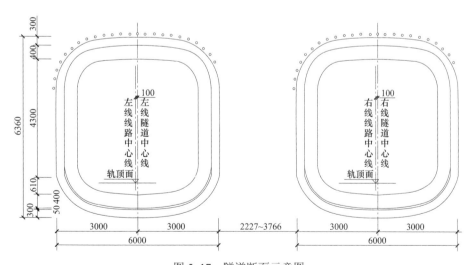

图5-17　隧道断面示意图

3. 水文地质

该工程地质单元位于凉水河故道沉积地貌,自上而下可分为人工填土层、新近沉积层及第四纪沉积层三大类,基岩(寒武纪)埋深一般在67m以下。人工填土层的层厚度变化较大,在沿线的一般厚度

0.90～4.80m，土质不均，工程性质差，该工程的水文地质如图 5-18 所示。

场区潜水的天然动态类型为渗入-蒸发、径流型，主要接受大气降水入渗、农林灌溉水入渗和地表水体渗漏补给，并以蒸发、径流方式排泄。

潜水-承压水的天然动态类型为渗入-径流型，以地下水侧向径流补给、越流补给为主，并以侧向径流、人工开采为主要排泄方式。

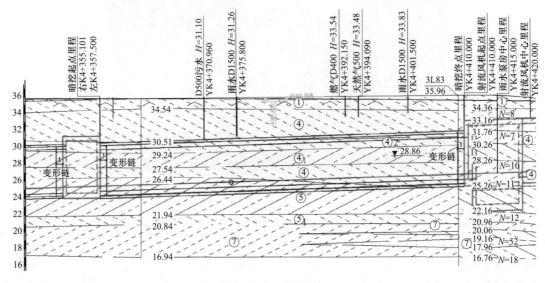

图 5-18　水文地质图

4. 特点及难点

（1）特点。

1）区间下穿通久路，通久路为双向八车道道路。

2）下穿段覆土厚度小（3.98～5.23m），且两隧道净距小（2.4～3.7m）。

3）下穿部位地下管线繁多（5 条市政管线），且有次高压燃气管线在运行。

（2）难点。

施工期间既要保证隧道本身安全，又要保证通久路道路通行不受影响，还要保证下穿管线及通久路沉降值在规范及产权单位规定的范围内（要求 15mm 内）。

二、主要施工过程

本标段区间与上个标段同处于亦庄线，本标段处于土建第二工区，其土建施工安排为：

1. 小红门站施工安排

小红门站围护结构及土方施工分成两个施工段，主体结构施工分成四个施工段，装修施工分成两个施工段。

围护桩总数约为 440 根，施工时安排 4 台反循环钻机。土方总量约为 68 000m³，施工时安排 2 台反铲挖掘机。结构施工时安排两台履带式起重机负责垂直运输。

2. 南四环站至小红门站区间盾构施工安排

本区间左右线盾构各安排一台土压平衡型盾构进行施工，在南四环站始发，小红门站接收解体。

3. 小红门站至出地点区间施工安排

（1）暗挖区间施工安排。

暗挖区间起止里程为 YK4+146.800～YK4+410.000，长度为 263.2m。在区间明挖结构北端设一个竖井，暗挖施工从区间明挖结构向车站方向进行。

暗挖采取台阶法和 CRD 法施工。

（2）明挖区间施工安排。

明挖区间起止里程为 YK4+410.000～YK4+760.000，长度为 350m。明挖围护结构及土方施工分成两个施工段，主体结构施工分成四个施工段。

围护桩总数约为 170 根，施工时安排 2 台反循环钻机。土方总量约为 24 000m³，施工时安排 2 台反铲挖掘机。结构施工时安排一台履带式起重机负责垂直运输。

三、重点施工节点总结

1. 隧道初支

隧道初支采用 CRD 法施工，如图 5-19 所示，施工过程中，严格执行"管超前、严注浆、短开挖、强支护、快封闭、勤量测"的十八字浅埋暗挖施工原则。

（1）施作左上导洞超前小导管，如图 5-20 所示，注浆加固地层；开挖左上导洞土体，施作初期支护，采用锁脚锚杆加固墙脚。在邻近隧道侧打设径向注浆管并注浆加固两隧道间土体。

图 5-19　CRD 法施工示意图

图 5-20　施作左上导洞超前小导管

（2）开挖左下导洞土体，如图 5-21 所示，施作初期支护。在邻近隧道侧打设径向注浆管，并注浆加固两隧道间土体。

（3）施作右上导洞超前小导管，如图 5-22 所示，注浆加固地层，开挖右上导洞部土体，施作初期支护，采用锁脚锚杆加固墙脚。

图 5-21　开挖左下导洞土体

图 5-22　施作右上导洞超前小导管

（4）开挖右下导洞土体，如图 5-23 所示，施作初期支护。

2. 二次衬砌

二次衬砌采用定型模板+满堂红脚手架施工，共 6 套模板，左右线各 3 套。二衬浇筑采用分段跳仓（每仓 6m）的施工方法，先分别施工左右线的 2、4、6、8 流水段，再施工 1、3、5、7、9 流水段，混凝土采用 C40 P8 预拌混凝土，如图 5-24 所示。

图 5-23　开挖右下导洞土体

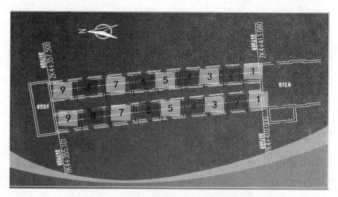

图 5-24　二次衬砌施工流水段示意图

（1）分段割除仰拱部分临时中隔壁，如图 5-25 所示，一次拆除长度不大于 7m，找平处理，铺设防水层，施作下部二次衬砌。

（2）纵向分段破除中隔板和上部中隔壁，如图 5-26 所示，一次拆除长度不大于 7m，施作上部二次衬砌。

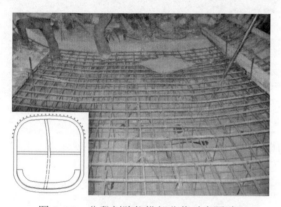

图 5-25　分段割除仰拱部分临时中隔壁

图 5-26　纵向分段破除中隔板和上部中隔壁

四、项目经验总结

隧道初支采用 CRD 法施工，二次衬砌分段跳仓施工。

初支施工过程中，为了减小开挖过程中对管线及道路的影响，降低施工风险，区间隧道开挖设计采用 CRD 法施工：将区间隧道按高度分成两层，宽度分成两块进行开挖。隧道的每块开挖均需预留核心土，并保证每块开挖保持 15m 的安全距离。

二次衬砌施工中，衬砌时逐段拆除临时支撑，每段衬砌长度 6m。

超前小导管注浆加固措施：开挖过程中为了避免出现塌方现象，拱顶采用 ϕ32×3.25，l=2.0m 小导管超前支护，水泥-水玻璃浆液注浆，注浆压力 0.2～0.5MPa。且在先行施工的隧道侧壁打设小导管，对左、右两隧道之间土体采用 ϕ32×3.25，l=2.0～3.0m 导管进行土体加固。

第四节　某轨道交通施工实践

一、项目施工特点及重点

1. 项目概况

北京地铁 9 号线是一条位于城市西部，整体呈南北走向的线路，主要分布在丰台和海淀两个行政区，如图 5-27 所示。北京地铁 9 号线全长为 16.5km，全部为地下线，工程包括新建地下车站 11 座，区间 14 段，车辆段一座，以及配套的轨道铺设、给水排水、通风空调、通信、信号、供电、无障碍设施、消防、安全门、电梯、自动售检票、车辆系统等。

本标段包括白堆子站、车公庄大街站 2 个车站和军事博物馆站—白堆子站、白堆子站—白石桥南站 2 段盾构法区间隧道以及白堆子站—白石桥南站、白石桥南站—国家图书馆站 2 段矿山法区间隧道。

本节主要介绍白堆子站及白堆子站—白石桥南站区间。

2. 设计概况

（1）白堆子站。

本站为明挖三层岛式站台形式，分为站厅层、站台层及设备层，总建筑面积（包括车站主体和出入口、风亭等）11 854.9m²。车站总长尺寸 157.25m，总宽 20.9m；车站中心里程 K13+851.000，车站埋深 3.8m，车站中心线处±0.000 的绝对标高 31.556m，该处轨顶的绝对标高 30.536m。

图 5-27　地铁 9 号线位置示意图

白堆子站结构设计形式为明挖和暗挖相结合形式，其中北侧明挖部分为地下三层三跨两柱箱形框架结构，南侧盾构掉头井为明挖四层三跨两柱箱形框架结构；暗挖部分为车站地下三层换乘节点以南至盾构掉头井之间，下穿阜成路大型管线采用分离暗挖单洞通过。车站中心里程为 K13+851.000，车站起点里程 K13+763.450，车站终点里程 K13+920.700，全长 157.25m，顶板覆土 3.8m，其中南侧盾构掉头井长 14.4m，宽 25.4m，深 24.8m；北侧明挖段长 122.437m，宽 20.9m（换乘节点处宽 22.9m），深 23.5m；暗挖段长 20.413m，线间距 15.0m。

（2）白堆子站—白石桥南站区间。

区间线路出白堆子站后，沿首都体育馆南路正下方下穿行，线路走向基本为南北向，后线路设 R=1500m 的半径逐渐向东偏移，接着向北行进。线路在出白堆子站后左右线中间设置联络线及存车线各一条，存车线与左线线间距为 4.2m，左右线间距为 15.00m。区间隧道覆厚度为 14.9～17.3m。

本区间隧道采用马蹄形断面复合式衬砌，初期支护与二次衬砌之间铺设防水层。

3. 水文地质

（1）白堆子站。

本段线路土层分布较为稳定，自上而下依次为人工填土、第四纪全新世冲洪积层、第四纪晚更新世冲洪积地层。

本车站受地质成因和古河道控制，地下水类型为潜水，水位埋深约为 28m。水位标高约为 19.63m。地下水补给主要为大气降水和侧向径流补给，排泄方式为人工开采。

本站水位埋深较深，地下水位远低于车站结构底板，可不考虑地下水的影响。车站采用明挖法施工，可不考虑降水，但应考虑地下水的动态变化及上层滞水的影响，施工中对于局部的上层滞水和雨水等，可在基坑内设置排水沟和集水坑，采用明排的方式处理。

本站的抗浮设防水位取 41.0m。

（2）白堆子站—白石桥南站区间。

本段线路土层分布较为稳定，自上而下依次为人工填土、第四纪全新世冲洪积层、第四纪晚更新世冲洪积地层，其中人工填土普遍厚度 1～3m；依据钻探显示，本段线路第四系覆盖层厚度最小约为 15m，一般厚度为 50m 左右，如图 5-28 所示。

本段线路受地质成因与古河道控制，自地面约 4～7m 以下自南向北第四纪沉积物以砂砾石层（表层为填土和第四纪全新世冲洪积粉土、粉质黏土薄层）为主，地下水类型为潜水。深部卵石层中赋存的地下水具弱承压性。潜水赋存于中下部卵石层中，沿线潜水水位标高在 19.03～24.00m 之间，水位埋深在 21.49～28.30m 之间，玉渊潭一带接受引水渠及湖水的补给，地下水位较高，水位埋深为 9.60m，水位标高为 38.89m。主要接受大气降水补给和侧向径流补给，主要以人工开采方式排泄，受北京市地下水开采降落漏斗的控制，地下水流向自西向东北方向流动。

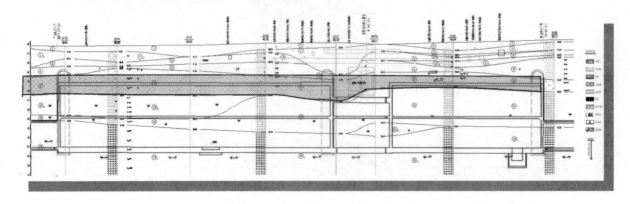

图 5-28　白堆子站—白石桥南站地质图

4. 特点及重点

（1）该工程全线位于河流冲洪积扇的西部，线路穿越的地层主要为卵石层、砾岩层及其交汇层，地层间富含大粒径、高强度、不规则分布的卵漂石，可见最大粒径达到1.8m，如图5-29所示给采用盾构、暗挖、明挖等工法的工程施工带来了极大困难。

(a)

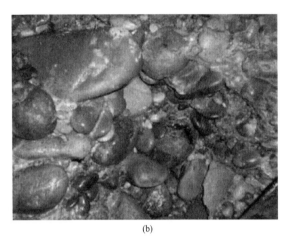
(b)

图5-29　工程图片

（a）地层间所含卵漂石可见最大粒径达到1.81m；（b）地层间含有大量卵漂石

最终通过优化盾构掘进参数、调整注浆材料配比等新技术的应用，完成了区间掘进，成功解决了盾构法施工穿越富含大漂石地层的世界性难题。

（2）该工程的重点主要有车站和区间施工总体安排、深基坑稳定、对原有建（构）筑物施工监测、盾构机选型等。工程重点分析及主要对策见表5-7。

表5-7　　　　　　　　　　　　　　　　工程重点分析及主要对策表

序号	项目	重点、难点分析	主　要　对　策
重点1	车站和区间施工总体安排	1. 该工程盾构始发井和接收井均设置在车站两端，盾构施工需占用车站部分场地； 2. 车站和盾构施工相互交叉	1. 车站施工要先施工两端盾构井及盾构施工所需场地部分； 2. 车站和区间施工以区间盾构施工为主线，统一安排施工生产
重点2	深基坑稳定	1. 白堆子站基坑深度较深，约为22m； 2. 施工工期较长，约23个月	1. 保证护坡桩和桩间喷射混凝土施工质量； 2. 加强基坑监测，当基坑变形的观测达到预警值时，要加强监测频率，当基坑变形的观测达到警戒值时，停止施工，研究对策后，再进行施工； 3. 加强降水井观测，当降水井水位上升及降水抽水量大时，调整排水管尺寸及加大抽水泵的排量等措施
重点3	盾构机选型	1. 区间穿越地层主要为粒径在30～90mm之间的卵石层，最大粒径不小于650mm； 2. 区间隧道部分进入潜水水位	1. 地铁9号线区间施工工期较紧，而加工制造新盾构机的时间较长，采用北京市目前已有的盾构机对保证工期有利，综合考虑，该工程区间盾构施工采用加泥式土压盾构机； 2. 针对地层主要为卵石层，盾构机刀盘选用硬质材料，延长刀具的使用时间，减少更换刀具的次数； 3. 针对地层中卵石粒径较大，选择较大直径的螺旋输送机，并且添加滚刀及破碎机； 4. 配备自动测量导向系统

二、主要施工流程

本标段包括白堆子站、白石桥南站和三个区间隧道及其附属的施工。根据工程内容及特点，将该工程分为两大阶段施工，第一阶段进行车站、区间隧道及附属结构施工，第二阶段进行车站二次结构、装修和车站、区间设备安装施工。

其中第一阶段分为两大部分安排施工：一部分为白堆子站和白石桥南站的施工，另一部分为三个区间及其附属结构的施工。车站和区间结构同时施工，待盾构区间施工完毕后，再进行车站盾构施工竖井的施工。

本节主要介绍白堆子站及白堆子站—白石桥南站区间。

1. 白堆子站总体施工组织安排及流程

白堆子站结构施工时，根据车站工程内容、车站工期安排，结合交通导流和管线拆改以及车站南端盾构机调头工期，并综合考虑人、机、料的优化使用等因素，将车站结构工程分三个施工期完成。在第一施工期完成车站主体明挖段北段建（构）筑物拆改、管线改移、交通导改等专项工作以及基坑工程；在第二施工期完成车站主体明挖段南段建（构）筑物拆改、管线改移、交通导改等专项工作以及基坑工程，车站主体结构、防水及土方回填工程，车站暗挖段初支、防水、二衬结构，西南出入口基坑、结构、防水及土方回填工程；在第三施工期完成东南、西南、西北出入口和风亭的基坑工程、结构、防水及土方回填工程。

车站二次结构在车站主体结构全部完成后再进行施工；装修在主体结构完成后插入施工；设备安装与二次结构、装修同时施工。

白堆子站总体施工组织安排如下：

（1）施工前期准备施工组织安排。

进行开工前生产、技术、生活等必要准备。

（2）专项工作施工组织安排。

由专项工作作业队负责建（构）筑物拆迁、管线改移保护、交通导改等工作。进行专项工作时设施工围挡封闭施工。

（3）基坑工程施工组织安排。

由两个作业队负责施工：围护结构作业队负责基坑支护；土方作业队负责土方开挖、运输。

（4）车站结构施工组织安排。

车站结构由1个明挖结构作业队和1个暗挖作业队负责施工，明挖结构作业队负责车站、出入口、风道明挖段结构施工，暗挖作业队负责车站和东北、西北出入口暗挖段施工。车站主体结构分为4个施工区，每个施工区分为3个流水段进行施工。

（5）防水工程施工组织安排：由防水作业队负责施工，穿插于结构施工中。

（6）管线、道路恢复由专项工作作业队负责施工。

（7）车站二次结构在车站主体结构全部完成后再进行施工；装修在主体结构完成后插入施工；设备安装与二次结构、装修同时施工。

（8）竣工验收、撤场：由装修施工作业队负责临设拆迁、现场收尾等工作。

2. 白堆子站—白石桥南站区间施工组织安排

（1）总体施工组织安排。

根据招标文件要求，场地拆迁及"三通一平"后，先施工本区间北端盾构接收井和吊出井围护结构。开挖基坑，施作盾构井二衬结构及腰梁，然后从盾构井破桩进洞，向南开挖施作右线及部分左线暗挖区间初支结构，之后将盾构始发井交付盾构区间使用。为减少区间施作占用车站施工场地时间，从右线向左线施作施工横通道，施作左线剩余区间初支结构。区间贯通后，分别从白堆子站和盾构接收井相向施作区间二衬结构，为盾构吊出创造条件。

（2）安排1个暗挖作业队负责该区段的隧道的施工。

三、重点施工节点总结

1. 白堆子站

（1）围护结构施工。

围护结构采用钻孔灌注桩加钢管内支撑，主体结构基坑护坡桩采用$\phi1000@1500$，施工时采用旋挖式钻机成孔。桩顶设帽梁，桩间采用挂网喷射混凝土保持桩间土稳定。基坑的平面内采用对撑，端部与角部采用斜撑。

护坡桩桩施工时配备 4 台旋挖式钻机施工，钢筋笼吊装时采用 50t 履带吊。

（2）土方开挖、钢支撑施工。

车站基坑的土方采用"竖向分层，纵向分段，中部拉槽，横向扩边"，共分为 4 层，由基坑中间向南、北两侧施工。土方施工采用挖掘机开挖，自卸汽车运土。钢支撑安装紧随土方开挖分段分层进行，如图 5-30 所示。

车站西南出入口和车站北端设置施工马道，土方通过马道运输，马道收尾剩余土方采用吊车垂直运输。

根据车站土方工程量和开挖特点，计划采用 2 台挖掘机，土方外运采用 30 台自卸汽车通过马道外运。

（3）车站主体结构施工。

车站主体结构工程分为 4 个施工区，由一个结构作业队和一个暗挖作业队施工。主体明挖结构模板采用优质竹胶模板。模板支架为钢管脚手架、碗扣脚手架配合方木、钢管支撑系统；暗挖结构模板采用定型模板。结构钢筋采用机械或焊接连接，采用预拌混凝土、输送泵泵送浇筑。换乘大厅施工如图 5-32、图 5-33 所示。

由于该工程主体结构为地下三层，结构施工时现场垂直运输采用两台履带吊，泵送混凝土配备两台输送泵。

图 5-30　土方开挖

图 5-31　模板支塔

图 5-32　换乘大厅施工一

（4）结构防水施工。

车站主体结构及附属结构均采用防水混凝土结构刚性自防水，防水混凝土的抗渗等级不小于 P8。车站防水顶板采用 2.5mm 厚单组分聚氨酯防水涂料，侧墙和底板采用天然钠基膨润土净含量不小于

5.5kg/m² 的膨润土防水毯。防水施工如图 5-34 所示。

图 5-33　换乘大厅施工二

图 5-34　防水施工

（5）附属结构施工。

附属结构施工方法同主体结构，出入口和风道模板采用优质多层板，侧墙和楼板一起浇筑，采用满堂红脚手架支撑体系。钢筋根据设计要求进行机械连接或搭接，采用预拌混凝土泵送浇筑。

2. 白堆子站—白石桥南站区间

（1）采取的施工方法有台阶法、CRD 法、双侧壁导坑法、CRD 法加柱洞法。

（2）区间防水为采用 EVA 型防水板。采用 400g/m² 土工布作为缓冲层。

（3）二衬标准段模板采用模板台车，非标准段模板采用定型组合模板。

四、项目经验总结

1. 盾构下穿玉渊潭东湖、永定河引水渠

（1）工程特点。

1）本段线路地层由于大量接收引水渠及湖水的补给，地下水位较高，标高达 39.89m。

2）盾构覆土约 7m。

（2）工作经验。

1）盾构过河前进行系统和完整的检修，使机器性能保持完好状态，为一次顺利施工到位提供设备保障。提前对刀具进行检查，过湖、河前可做适量更换以免河底换刀。

2）盾构过湖、河时，及时调整盾构土仓压力，确保土压平衡，保证开挖面土体稳定。

3）盾构推进隧道轴线控制。切实做好盾构推进过程中推进速率、出土量等推进参数的控制，防止因土体超挖量过大造成土体在盾构本体处有较大沉降，使得湖、河水涌入隧道。

4）掘进过程中不断地对盾尾密封钢丝刷注入油脂，避免盾尾密封破坏。

5）拼装管片时，严防盾构机后退，确保正面土体稳定。

6）同步注浆量控制。及时进行同步注浆，使管片衬砌尽早支承地层，防止地层沉陷，同时根据监测情况来调整同步注浆量和注浆压力，既不能因过少、过小而造成河底沉降，也不能因过多、过大而造成湖底、河底隆起破坏，使湖水、河水涌入隧道。

7）进度控制。为保证盾构顺利过湖、河，过湖、河时盾构确保连续均衡施工。要配备足够的值班维修人员，一旦盾构机械发生故障能够及时进行处理，确保盾构推进顺利进行。

2. 盾构隧道临近多层建筑物、重要管线施工

（1）工程特点。

1）海军总医院干部病房楼、环保局东配楼、环保局技术交流室与隧道中心线距离约 7m。

2）隧道穿越 4400mm×2100mm 的热力方沟。

（2）工作经验。

1）施工前对影响范围内的房屋进行普查，保留照片资料，针对部分房屋进行重点监测。

2）在建（构）筑物下通过时，匀速前进。

3）在通过前纠正盾构机的姿态，避免大纠偏。

4）不在建（构）筑物下进行换刀作业。

5）严格控制盾构掘进过程中的出土量，建立并保持正面合理的渣土压力，保证开挖面的稳定，保证拱顶上方不出现空洞。

6）制订应急措施和备用方案，根据监测结果确定应急措施和备用方案的实施与否。

7）在建筑物与盾构隧道间预埋注浆管，根据对地表及建筑物的实时监测结果，如有需要，进行及时注浆加固。

3. 卵石层地层盾构施工

（1）工程特点。

1）区间穿越地层主要为粒径在 30～90mm 之间的卵石层，最大粒径不小于 650mm。

2）部分地段穿越岩石隆起层。

3）区间隧道部分进入潜水水位。

（2）工作经验。

1）采取良好的土体改良措施，加强在盾构前方压注泡沫剂、聚合物添加剂和膨润土等的使用管理，保证土压平衡。

2）严格控制盾构掘进过程中的出土量，适当降低出土量，保持土体的密实，保证土压平衡。

3）切实做好盾构推进过程中隧道轴线、推进速率、出土量等推进参数的控制。

4）在穿越岩石隆起地层时，由于底部硬上部软，容易造成盾构机抬头。为防止盾构机抬头，在穿越此地层时，油缸配合，控制好盾构姿态，降低进尺速度，充分磨碎卵石。

5）刀具、盾构机具进行加强。

6）在地面提前选定检查及换刀地点。

第五节　某桥区治理工程大桥项目施工实践

一、项目施工特点及重点

1. 项目概况

该项目位于北京市丰台区正阳大街与东安街交叉路口西北侧，如图 5-35 所示。极端天气容易造成立交桥下积水严重，进而导致交通堵塞甚至瘫痪，本项目就是为了解决这一问题。

本项目施工内容有：

（1）新建调蓄池：新建调蓄池容积为 5124m³，深度 12m。

（2）新建管线工程：进水管 D1200 钢筋混凝土Ⅱ级企口管，长 214m（顶管）；出水管 D400，长 49m（明开）；泵站出水管 D1600，长 41.6m（明开）。

图 5-35　某桥区治理工程大桥项目及暗挖调蓄池位置示意图

（3）新建雨水口：31 座（涉及雨水支管）。

偏沟式三箅雨水口：2 座；联合式三箅雨水口：12 座；联合式四箅雨水口：9 座；联合式十三箅雨水口：3 座；联合式十七箅雨水口：1 座；联合式二十二箅雨水口：1 座；联合式二十六箅雨水口：3 座。旧泵站改造：1 座。

2. 设计概况

本次施工隧道结构为椭圆形，内径为 6.2m×6.8m，采用复合式衬砌结构形式，初期支护为格栅喷射 C25 混凝土 30cm（钢格栅＋钢筋网＋喷射混凝土）；二次衬砌为模筑 C30 钢筋混凝土 40cm；由于调蓄池防水为一级，故采用三层防水形式（衬砌背后注浆+防水聚合物砂浆抹面+ECB 防水板）。

3. 水文地质

在本次岩土工程勘察的勘探深度范围内（最深 30.00m）的地层，按成因年代可划分为人工堆积层、新近沉积层和第四纪沉积层三大类，并按岩性及工程特性划分为 6 个大层及其亚层。

工程场区第四纪沉积层中主要赋存 1 层地下水，含水层岩性为砂、卵砾石，其地下水类型属潜水。根据区域地下水位观测数据进行拟合，工程场区潜水当前水位标高在 25.00m 左右。

工程场区近 3~5 年最高地下水位标高为 26.00m 左右；1959 年最高地下水位接近自然地面。

工程场区潜水天然动态类型属渗入—径流型，主要接受大气降水入渗及地下水侧向径流等方式补给，以地下水侧向径流及人工开采为主要排泄方式；其水位年动态变化规律一般为 11 月~第二年 3 月份水位较高，其他月份水位相对较低，其水位年变化幅度一般为 3~4m。

4. 特点及重点

（1）特点。

由于该工程的土建与工艺设备安装之间的配合非常关键。需对两者的施工内容、施工工艺要求等有深入地了解。特别是土建施工对工艺设备安装的基本程序、工艺设备安装对土建施工的要求必须熟知。在土建施工阶段，工艺设备人员提前介入，对土建施工的预留、预埋进行监督检查；在工艺设备安装阶段，土建施工为工艺设备安装提供必要的技术支持与物资帮助。

（2）重点。

1）该工程位于市区中心，并且场地狭小，场地内运作空间十分紧张。

2）该工程属于浅埋隧道并且所处地层属于Ⅴ级围岩，开挖施工时的沉降和安全控制至关重要。

3）暗挖施工多用于地铁、电力、热力等工程，由于调蓄池的功能为储蓄水，故做好防水尤为关键。

二、主要施工过程

施工工艺流程如图5-36所示。

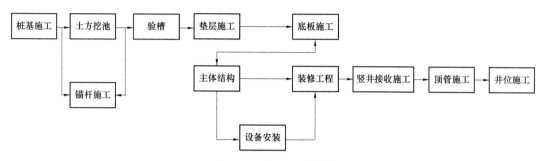

图5-36　施工工艺流程

该工程主要工序施工进度计划安排如下：

（1）基坑支护：8日；

（2）锚杆、冠梁、腰梁：55日；

（3）土方工程：30日；

（4）底板结构：17日；

（5）主体地下一层结构：15日；

（6）主体地下二层结构：15日；

（7）主体地上二层结构：20日；

（8）机电设备安装工程：10日；

（9）单机、联机调试：13日；

（10）装修工程：20日；

（11）竣工交验：6日；

三、重点施工节点总结

该工程涉及暗挖调蓄池1座，竖井2座（采用上部2m土钉+下部桩锚形式），如图5-37所示，上水周边防护采用悬臂桩（桩径800mm，间距1.6m），施工重点为竖井基坑支护。

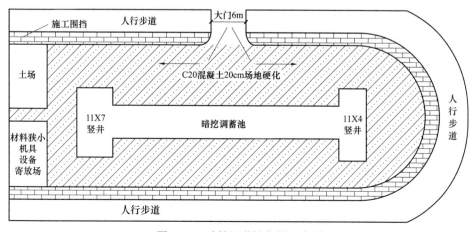

图5-37　暗挖调蓄池位置示意图

（1）隧道竖井基坑支护形式。

1）基坑安全等级划分。

该工程基坑开挖最大深度约为13.00m；基坑开挖影响范围内没有需要保护的建（构）筑物；工程地质、水文地质条件属Ⅱ级较复杂场地，根据《建筑基坑支护技术规程》（DB11/489-2007）规定，该工程基坑安全等级按一级考虑。支护结构设计时，重要性系数取γ_0=1.0。

2）支护方案选择。

根据以往成功的施工案例采用如下施工工法：基坑支护上部2.0m拟采用1:1放坡土钉墙，由于现场作业面的限制其下采用17m人工挖孔护坡桩（桩径800mm，桩间距1600mm）加预应力锚索的支护形式（竖向两道锚索，横向间距1.6m），竖井采用30cm厚C30钢筋混凝土封底，底板配筋上层为ϕ14@300，下层为ϕ20@200，如图5-38所示。

上水周边防护桩也采用人工挖孔桩形式，桩长11m，桩径800mm，间距1600mm。

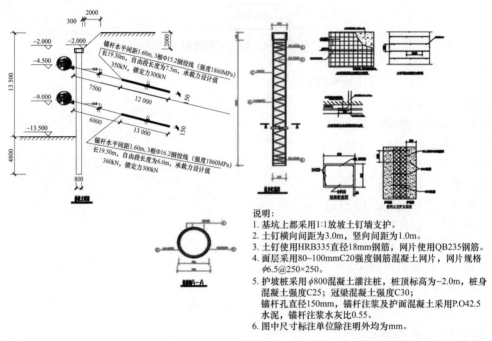

说明：
1. 基坑上都采用1:1放坡土钉墙支护。
2. 土钉横向间距为3.0m，竖向间距为1.0m。
3. 土钉使用HRB335直径18mm钢筋，网片使用QB235钢筋。
4. 面层采用80~100mmC20强度钢筋混凝土网片，网片规格ϕ6.5@250×250。
5. 护坡桩采用ϕ800混凝土灌注桩，桩顶标高为-2.0m，桩身混凝土强度C25；冠梁混凝土强度C30；
锚杆孔直径150mm，锚杆注浆及护面混凝土采用P.O42.5水泥，锚杆注浆水灰比0.55。
6. 图中尺寸标注单位除注明外均为mm。

图5-38 支护方案示意图

（2）土钉墙施工。

1）土钉设置。

该工程采用钻孔形土钉，土钉梅花型布置，横向、纵向间距分别为3m、1.5m，土钉采用ϕ18，长度1m，水平倾角10°～15°，钉孔全长压力注浆。

土钉采用人工洛阳铲成孔（个别人工无法成孔的孔位采用潜孔钻机钻孔），内置土钉钢筋，如图5-39所示。沿横向土钉钢筋每1m设置支架一道ϕ14加强钢筋，土钉外挂ϕ6.5@250钢筋网片。

2）注浆。

注浆采用泥浆泵，注浆压力0.4～0.6MPa，注浆体强度等级M10。注浆浆液为水泥浆，水灰比为0.45～0.5，采用32.5级硅酸盐水泥并掺加水泥用量2%的三乙醇胺早强剂。注浆采用"先插钢筋，后注浆"工艺。向孔内注浆时，应预先计算所需的浆体体积并与实际注浆量进行对比，向孔入注浆体的充盈系数必须大于1。

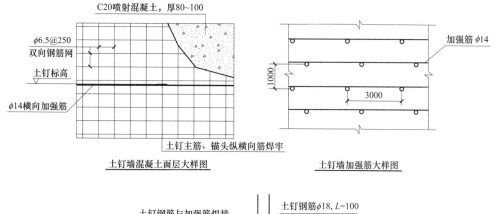

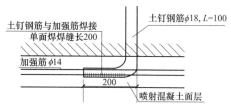

图 5-39　土钉钢筋与加强筋连接大样

3）面层钢筋网。

采用 $\phi6.5@250mm\times250mm$ 单层双向钢筋网，网格允许偏差±10mm，保护层厚度应符合规范要求。钢筋网铺设时每边的搭接长度不小于 300mm。

4）喷射混凝土。

喷射混凝土面层厚度 80～100mm，强度等级为 C20，采用 TK-961 型混凝土湿喷机。混凝土配合比为水泥:砂:石=1:1.5:2.5，水灰比 0.45～0.5，粗骨料最大粒径不应大于 15mm，采用 32.5 级硅酸盐水泥并掺加水泥用量 2%的速凝剂。喷射顺序应自下而上，喷头与受喷面距离控制在 0.8～1.5m 范围内，射流方向垂直指向喷射面。

5）地下暗挖。

① 竖井开挖支护以后，采用超前小导管注浆对隧道进行围护。

② 由于本次暗挖工程属于 V 级围岩且开挖宽度较大，故采用 CD 法施工，每个导洞分别采用环形开挖预留核心土法开挖，如图 5-40 所示。每个导洞间设置临时中隔墙和临时仰拱，及时架设钢格栅，挂网喷混凝土支护，尽早封闭成环，确保施工中的安全。施工中严格遵循"管超前、严注浆、短进尺、强支护、快封闭、勤量测"的原则。

③ 喷射混凝土采用湿喷法，施工注浆和喷射混凝土时，均把施工机械放置在地面上，把注浆管或喷射管通过竖井引至洞内。

④ 洞内开挖采用人工开挖，斗车出土，斗车运至竖井，经吊车提升至地表，汽车倒运出场。

四、项目经验总结

1. CD 法施工要点

（1）隧道开挖外轮廓线充分考虑施工误差、预留变形和超挖等因素的影响；注意控制导洞的开挖中线和水平，确保开挖断面圆顺，钢格栅安装位置正确。

（2）加强量测监控，做好信息反馈，及时调整施工方法。

（3）通道开挖前备好抢险物资，并在现场堆码整齐，专料专用。

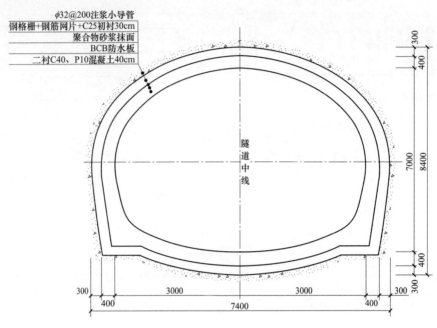

图 5-40　CD 法施工示意图

（4）开挖过程中，采用环形开挖留核心土，仰拱尽快开挖及时施作支护，尽快形成全断面封闭，以控制围岩变形。

（5）由于 CD 法工序较多，工序转换使得结构受力复杂，为保证拆除临时格栅时的安全，必须保证各部格栅之间的连接质量。

（6）施工中不得欠挖，对意外出现的超挖或塌方采用喷混凝土回填密实，并及时进行背后回填注浆。

（7）对将要停工时间较长的开挖作业面，不论地层好坏均施作网喷混凝土封闭。

（8）开挖过程中必须加强监控量测，当发现拱顶、拱脚和边墙位移速率值超过设计允许值或出现突变时，及时施作临时支撑或仰拱，形成封闭环，控制位移和变形。

2. 喷射混凝土及养护

在安装完钢筋网以后，进行喷射混凝土，喷射混凝土厚 30cm，强度为 C25，其施工方法和工艺流程同桩间混凝土喷射。

从以往工程实践中的经验，一般喷混凝土结束后约 40 分钟开始养护较为适宜，如果气温较高或者天气比较干燥，则养护时间还须适当提前，一般为 20～30 分钟。前两天每隔 3 个小时养护一次，之后养护次数可适当减少，连续养护 7 天。如果养护时间不及时或者养护时间不足，就容易产生裂缝和降低混凝土强度，不能保证混凝土的质量。

第六节　某桥区积水治理泵站施工实践

一、项目施工特点及重点

1. 项目概况

永南泵站位于大红门桥东南角（图 5-41），设计暗挖调蓄池一座，总有效池容 11 233m³，覆土深度约 5.75m，暗挖断面宽 25.6m×高 19m，调蓄池呈台阶形，最长 51m，其平面图和剖面图如图 5-42 和图 5-43 所示。

由于位于北京丰台区大红门环岛东南角，该工程主要为解决汛期大红门桥区积水问题，主要分为泵房改造、暗挖调蓄池、新建雨水管线、设备安装、附属用房拆除与还建等工程。主要工程内容如下：

（1）泵房改造。

1）更换 5 台水泵，同时库备 1 台水泵，原水泵基础破除并施作新基础。

2）开孔 2 个（2200mm×2200mm、1600mm×1600mm）。

图 5-41　永南泵站暗挖调蓄池位置示意图

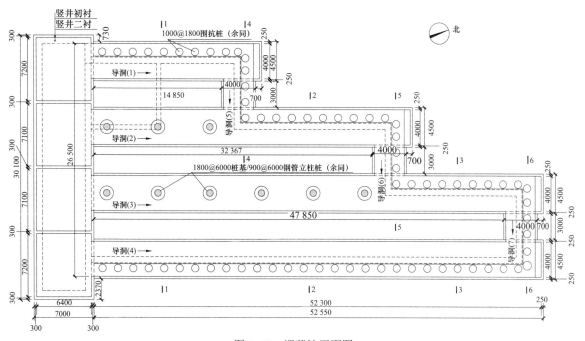

图 5-42　调蓄池平面图

3）安装新格栅机 1 台，新做格栅侧墙及池梁等钢筋混凝土构件。

（2）新建暗挖调蓄池。

1）竖井 1 座，施工竖井：尺寸 $L×W×H$=30.1m×7.0m×25.9m。竖井周边环境如图 5-44 所示。

2）新建调蓄池为暗挖池，平面呈台阶形，最长为 52.3m（不含竖井），暗挖断面（宽 25.6m，高 19.07m），覆土深度 5.139m，总有效池容 11 233m³。

3）调蓄池采用洞桩法施工，导洞 4 个，在导洞内施工 ϕ1000mm 围护桩 71 个、ϕ900mm 钢管立柱桩 9 个，导洞上方施工 ϕ300@400mm 管棚，共计 2938m。

2. 水文地质

（1）根据工程招标图地质柱状图可知：

0～1.7m 为杂填土，1.7～3.1m 为粉土，3.1～6.7m 为细中砂，6.7～14.8m 为卵石，14.8～16.3m 为粗砂，16.3～17.4m 为粉土，17.4～17.9m 为粗砂，17.9～24.6m 为卵石，24.6～25.2m 为粗砂，25.2～29.6m

为卵石，29.6～32.4m 为粉质黏土。

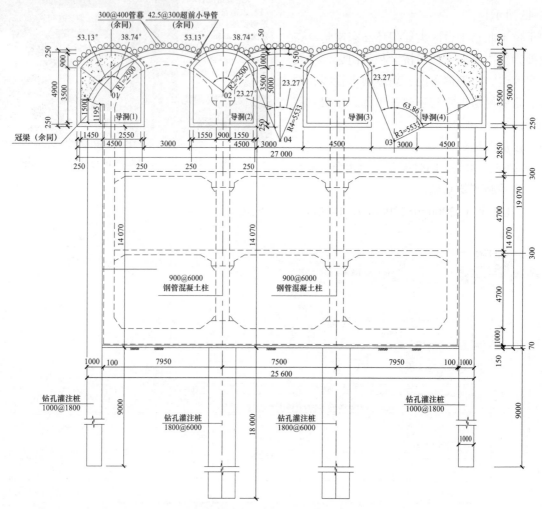

图 5-43　调蓄池横向剖面图

图 5-44　竖井周边环境

（2）暗挖调蓄池位于地下 5.75～25.05m 范围内，主要位于卵石层。

（3）地下水情况：地质柱状图未显示有地下水。

3. 特点及难点

（1）特点。

1）场地狭小，存土及土方运输不便，无钢筋加工及材料堆放场地。

2）初衬断面特别大，覆土浅，拱顶处于细砂层，暗挖穿越施工难度系数和安全风险大；暗挖调蓄池上方为民房，做好沉降观测、控制地面沉降尤为重要。

3）经历冬季，需做好基坑及隧道的冬期施工防范措施。

（2）难点。

1）调蓄池采用 PBA 工法施工，工序多，转换复杂，施工难度大。

2）管线工程位于南四环大红门环岛南侧，交通流量大，导改难度大。

3）工程涉及土建、管线、设备安装，专业多，各专业协调、配合难度大。

4）调蓄池工程量大，工期紧张，工期压力大。

二、主要施工过程

根据施工任务划分及施工顺序，主要工序施工进度计划安排如下：

（1）调蓄池工程。

施工准备：15 日

竖井施工至导洞下部临时封底：10 日

管棚施工：30 日

调蓄池 4 个导洞暗挖施工：45 日

导洞内灌注桩施工：40 日

围护桩冠梁、顶纵梁施工：15 日

初支扣拱：20 日

竖井开挖至基底，完成初衬：40 日

调蓄池土方开挖、二衬施工：40 日

竖井二衬：15 日

调蓄池设备安装：10 日

（2）管网工程：140 日。

（3）泵房改造工程：60 日。

（4）还建附属用房：30 日。

（5）收尾、验收：30 日。

三、重点施工节点总结

1. 竖井工程

竖井长 30.1m，宽 7m，深 25.9m，内设 3 道隔墙，分为 4 个小井分仓施工，采用倒挂井壁支护。

（1）竖井施工流程如图 5-45 所示。

（2）锁口圈梁施工。

圈梁开挖采用小型挖掘机开挖，自卸汽车出土。开挖分两级台阶开挖，开挖后及时施作垫层、绑筋、支模板、安装预埋件、浇筑混凝土。模板采用小型的钢模板，单侧支模。混凝土采用 C30 预拌混凝土，主筋净保护层厚度为 40mm。圈梁施工完毕后，沿竖井四周砌筑一道挡水墙，高度 50cm，宽度 37cm。

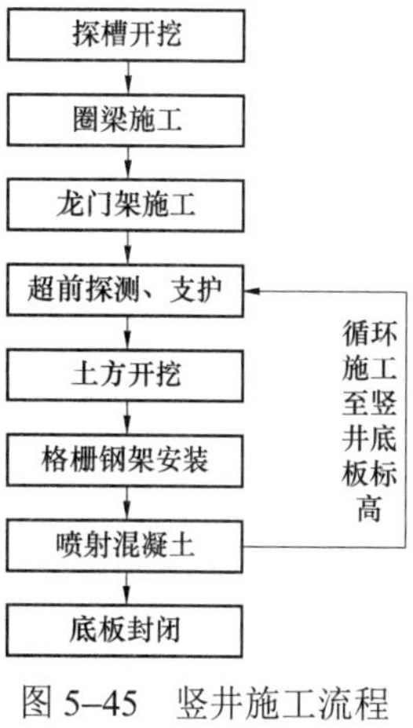

竖井基坑周围设 120cm 高的钢丝安全网，并设置底座，围栏上要刷油漆，采用红白色相间涂刷。

（3）龙门架施工。

龙门架布设两个 10t 电葫芦，龙门架安装如图 5-45 所示。提升井架横向跨度为 8.2m，纵向最大跨度为 7.6m，高 10.5m。吊斗尺寸为 1.3m×1.3m×1.3m，约 2m³ 土，重量约 3.5t。本提升架主梁采用 32b 工字钢，横梁采用 32b 工字钢对焊，立柱采用 32b 工字钢，同时增设剪刀撑等构造，设置检查吊篮，在立柱边设计了爬梯。井架委托专业厂家生产。梁的主要搭接部位采用钢板加强焊接，梁、柱间构件连接

图 5-45　竖井施工流程

探槽开挖

圈梁施工

龙门架施工

超前探测、支护

土方开挖

格栅钢架安装

喷射混凝土

底板封闭

循环施工至竖井底板标高

均采用焊接。按跨度最大的提升井架及最不利荷载组合进行验算，满足受力要求。龙门架详细施工方案详见后续专项方案。龙门架设计平面图如图 5-46 所示。

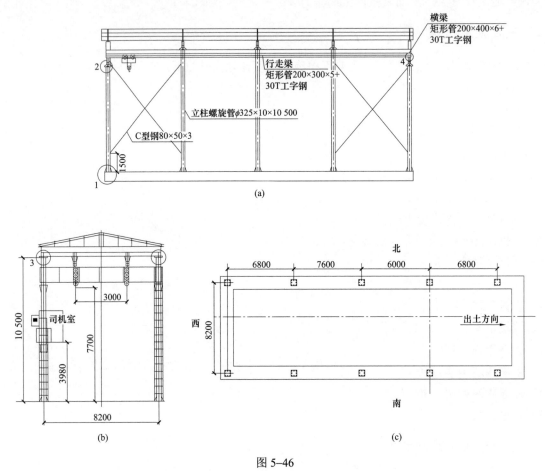

图 5-46
（a）龙门架立面图；（b）龙门架侧立面图；（c）龙门架平面图

2. 暗挖隧道工程

（1）暗挖隧道概况。

调蓄池主体结构采用 PBA 工法施工，暗挖导洞拱顶上方设计有管棚。初衬结构的导洞共 4 个，导洞净宽 4.0m，净高 4.5m；在导洞内施工边桩冠梁、顶纵梁、边桩（71 根边桩）、钢管柱（9 根）、回填混凝土等。二衬拱顶三连跨结构，内部结构分为 3 层。

（2）隧道施工流程。

竖井开挖至管棚下部 1.5m 处临时封底→施工管棚→竖井施工至导洞底板以下 50cm→破导洞马头门→导洞暗挖施工至封端→在导洞内施工围护桩和钢管立柱桩→施工围护桩冠梁、顶纵梁→导洞内大拱脚施工→导洞回填混凝土→初支扣拱→隧道二衬。

1）在导洞拱顶上方施工管棚，作为超前支护，如图 5-47 所示。

2）在竖井内破马头门，台阶法开挖 4 个导洞，相邻导洞保持 10m 步距，如图 5-48 所示。

3）在导洞内施工钻孔灌注桩，由里向外，跳孔作业，如图 5-49 所示。

4）施工围护桩冠梁、顶纵梁，分段、跳仓施工，如图 5-50 所示。

5）导洞内素混凝土回填，进行初支扣拱，如图 5-51 所示。

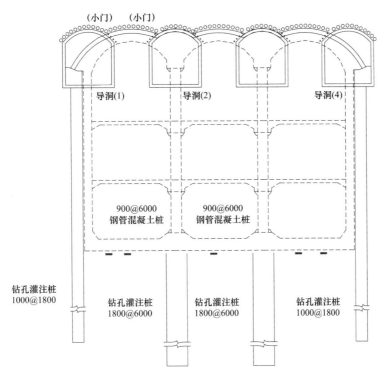

图 5-47　隧道施工工序一

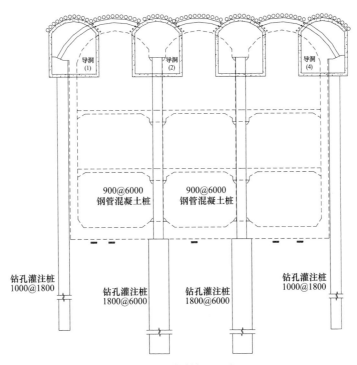

图 5-48　隧道施工工序二

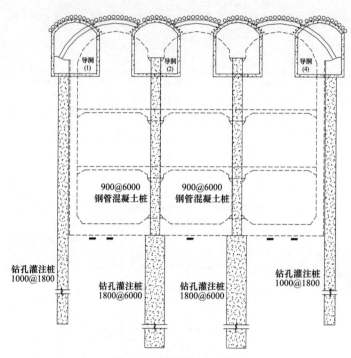

图 5-49　隧道施工工序三

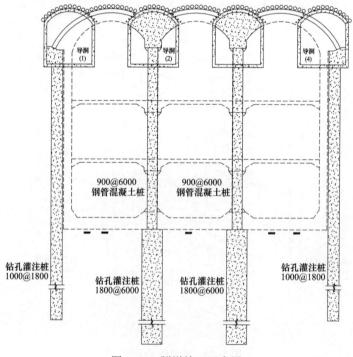

图 5-50　隧道施工工序四

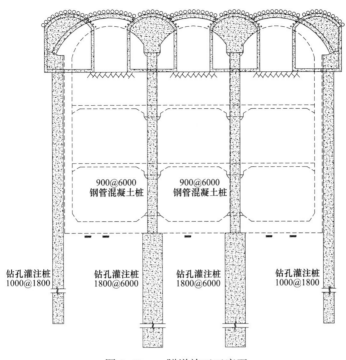

图 5-51　隧道施工工序五

6）分仓破除导洞隔墙，边破除边施工二衬扣拱，顺序为先边跨，后中跨，如图 5-52 所示。

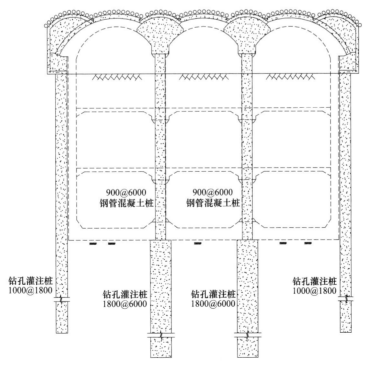

图 5-52　隧道施工工序六

7）分仓进行二衬扣拱，先边跨后中跨，如图5-53所示。

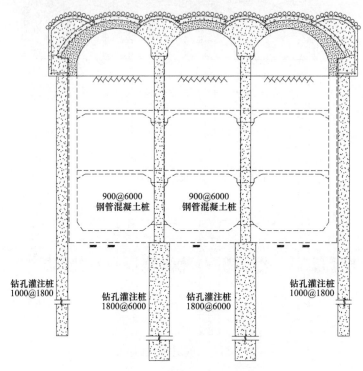

图5-53　隧道施工工序七

8）二衬结构第一层土方开挖，施工第一层中板，如图5-54所示。

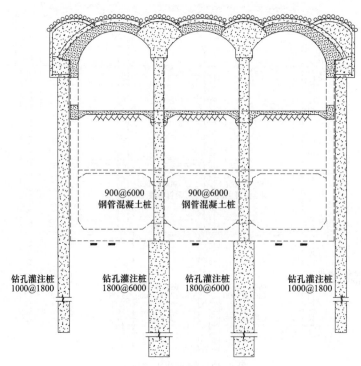

图5-54　隧道施工工序八

9）施工二衬结构第一层侧墙，如图 5-55 所示。

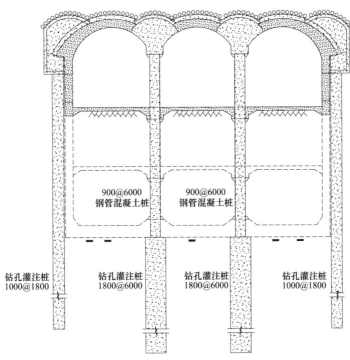

钻孔灌注桩
1000@1800

钻孔灌注桩
1800@6000

900@6000
钢管混凝土桩

900@6000
钢管混凝土桩

钻孔灌注桩
1800@6000

钻孔灌注桩
1000@1800

图 5-55 隧道施工工序九

10）二衬结构第二层土方开挖，施工第二层中板，如图 5-56 所示。

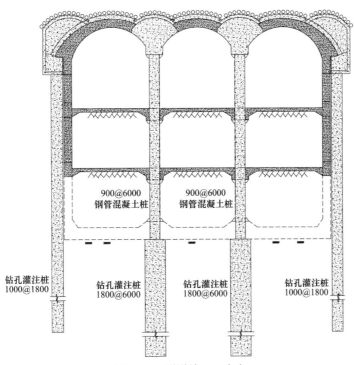

钻孔灌注桩
1000@1800

钻孔灌注桩
1800@6000

900@6000
钢管混凝土桩

900@6000
钢管混凝土桩

钻孔灌注桩
1800@6000

钻孔灌注桩
1000@1800

图 5-56 隧道施工工序十

11）施工二衬结构底板，如图 5-57 所示。

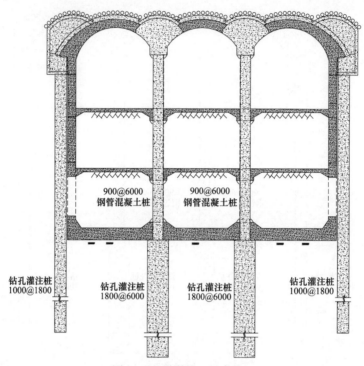

图 5-57　隧道施工工序十一

12）施工二衬结构底层侧墙，如图 5-58 所示。

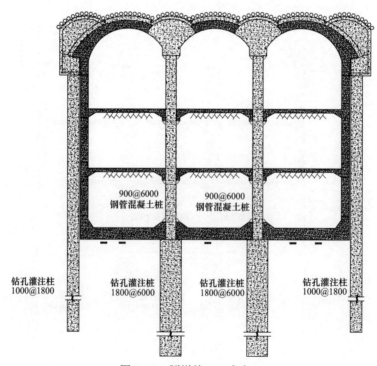

图 5-58　隧道施工工序十二

3. 项目经验总结

暗挖大断面隧道施工方法对比见表 5-8。

表 5-8 暗挖大断面隧道施工方法对比

比 较 项 目	安全性	技术难度	地铁沉降/mm	工期	成本
台阶法	低	低	88	长	低
临时仰拱台阶方法	低	低	80	长	低
双侧壁导洞法	高	较高	30	短	高
CD 工法	一般	较高	70	较短	较高
CRD 工法	高	高	35	短	高

第六章 洞桩法地下管廊施工

第一节 洞桩法地下管廊施工概述

一、施工原理与适用性

洞桩法又称 PBA 工法，是利用暗挖技术与桩和梁结合，形成框架支护体系，修建大型地下空间（多用于地铁暗挖车站）的一种施工技术。

"PBA"工法的物理意义是：P—桩（pile）、B—梁（beam）、A—拱（arc），即由边桩、中桩（柱）、顶底梁、顶拱共同构成初期受力体系，承受施工过程的荷载；其主要思想是将盖挖及分布暗挖法有机结合起来，发挥各自的优势，在顶盖的保护下可以逐层向下开挖土体，施作二次衬砌，可采用顺作和逆作两种方法施工，最终形成由初期支护+二次衬砌组合而成的永久承载体系。

由于其形成的结构体系跨度大，对地面影响小的特点，在城市繁华区域地铁车站施工中应用广泛。

二、施工方法概述

洞桩法施工也是采用大洞化小洞的方式进行开挖，并在导洞内进行桩基施工，结合初支及二衬的扣拱，形成整体框架支护结构，如图 6-1 所示。以双层 PBA 法车站施工为例，主要施工步骤有：

（1）开挖下、上 8 个导洞，施作网喷混凝土临时支护结构；

（2）浇筑下部导洞内的条形基础，在导洞内从上往下进行人工挖孔，浇筑边桩及冠梁，浇筑钢管柱的底纵梁，安装钢管柱及浇筑顶纵梁；

（3）开挖柱间上部土体，施作拱部初期支护和拱部二衬，且施作梁间临时横撑；

（4）拆除导洞临时支护结构，采用地模技术施作车站中层板；

（5）浇筑站厅层混凝土；

（6）开挖下部土体，浇筑站台层混凝土，注浆充填结构外空隙。

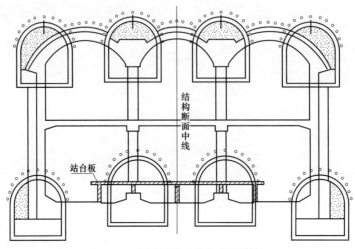

图 6-1 洞桩法施工横断面示意图

三、施工工艺流程

洞桩法暗挖车站施工工艺流程图如图 6-2 所示。

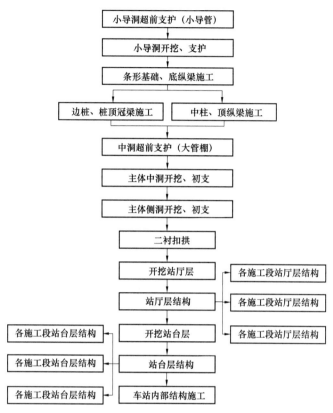

图 6-2　洞桩法暗挖车站施工工艺流程图

洞桩法暗挖车站施工步序如图 6-3～图 6-11 所示。

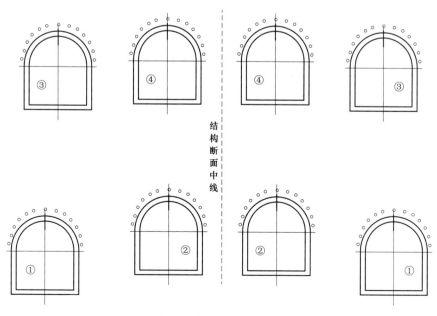

图 6-3　洞桩法施工步序一

第一步：超前预注浆加固底层，台阶法开挖导洞施工，初期支护。开挖导洞时，先开挖下导洞后开挖上导洞，先开挖边导洞后开挖中间导洞。

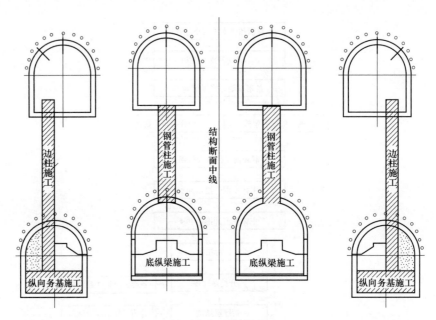

图6-4 洞桩法施工步序二

第二步：下导洞贯通后，施作下边导洞内桩下条形基层。在上边导洞内施作边桩及桩顶冠梁，边桩外侧与导洞间混凝土回填。中间导洞内钢管柱挖孔护壁及底纵梁施工。

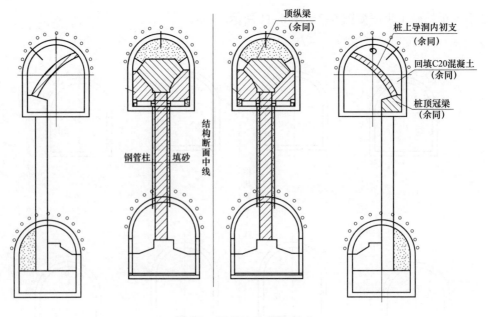

图6-5 洞桩法施工步序三

第三步：上边导洞内冠梁及大拱脚回填施工；中间导洞内施作钢管柱及顶纵梁。

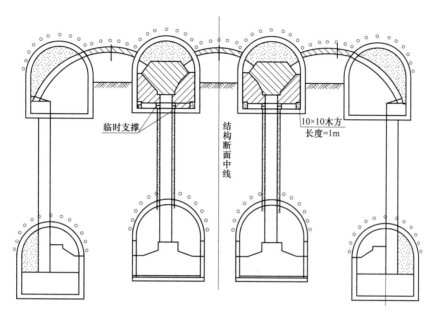

图6-6 洞桩法施工步序四

第四步：上导洞内加固顶纵梁，超前预注浆加固地层，采用台阶法开挖导洞施工，施作拱部初期支护、仰拱。

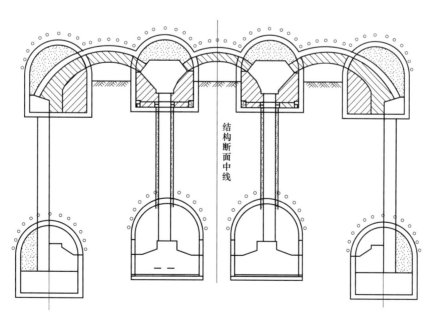

图6-7 洞桩法施工步序五

125

第五步：待初支贯通后，铺设防水层，浇筑顶板混凝土。

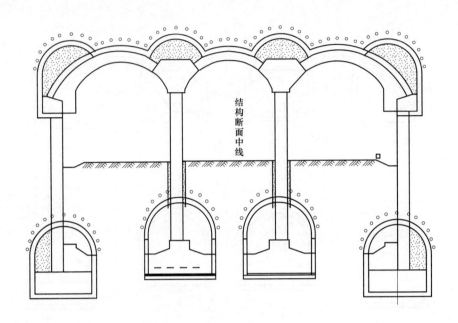

图 6-8　洞桩法施工步序六

第六步：待拱顶混凝土达到设计强度后，沿车站纵向分层向下开挖至站厅板底标高，桩间喷射混凝土。分段施作地模，铺设侧墙防水层，浇筑中板结构、站厅层侧墙。

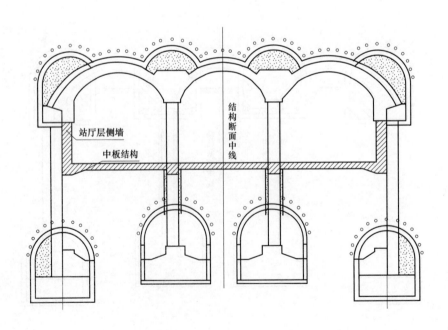

图 6-9　洞桩法施工步序七

第七步：中板混凝土达到设计强度后，沿车站纵向分层向下开挖3.5m，桩间喷射混凝土。

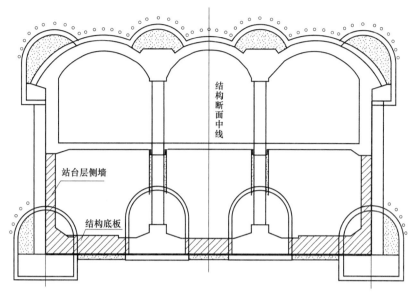

图6-10　洞桩法施工步序八

第八步：分段开挖至底板下，破除下层小导洞结构，施作垫层、防水层及防水保护层，及时浇筑底板二衬。铺设侧墙防水层，浇筑侧墙混凝土。

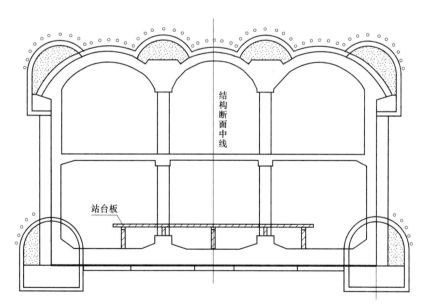

图6-11　洞桩法施工步序九

第九步：混凝土达到设计强度后，施工站台层内部结构，完成车站结构施工。

第二节 某轨道交通施工实践

一、项目施工特点及重点

1. 项目概况

北京地铁 7 号线达官营站，为地下二层三跨岛式站台车站，地下一层为站厅层，地下二层为站台层，其平面位置示意图如图 6-12 所示。车站全长 235.800m，主体建筑面积 10 828m²；附属结构有 4 座出入口，2 组风亭、风道，风道建筑面积 2840.8m²，出入口建筑面积 2824.2m²，总建筑面积 16 493m²（不含地面建筑面积）。

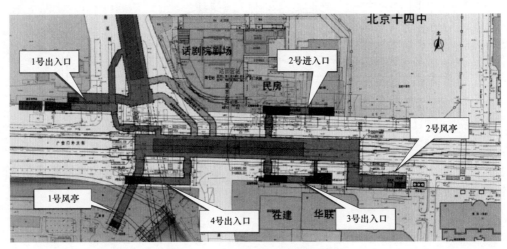

图 6-12 达官营站平面位置示意图

2. 设计概况

车站主体暗挖下穿人行过街天桥，结构顶与人行天桥基础底距离约为 4.3m；1 号风道暗挖下穿莲花河，开挖跨度 10.1m，距离河底 4.85m，拱顶位于卵石圆砾层中。

该工程达官营站起点里程 K2+006.800，车站终点里程 K2+242.600，共设 4 座出入口，2 组风亭、风道。车站中心里程顶板覆土厚度 9.17m，车站主体采用暗挖法（PBA）施工，暗挖下穿人行过街天桥，结构顶与人行天桥基础底距离约为 4.3m；1 号风道为单跨双层拱形结构，采用浅埋暗挖法施工，复合式衬砌，最大开挖跨度为 10.1m，开挖高度正常段为 14.4m。采用 "CRD" 法施工。2 号风道采用明、暗挖结合法施工；明挖部分基坑围护采用钻孔灌注桩+内支撑体系。出入口出地面部分采用明挖法施工，桩撑支护，其余部位采用 CRD 法施工。

3. 水文地质

（1）地质概况。

根据勘察报告资料，达官营站所处地质状况从上至下为：① 1 杂填土，② 5 圆砾、卵石，⑤ 圆砾、卵石，⑦ 卵石，强泥岩。车站底板坐落在⑦层上，接近强泥岩。

（2）水文概况。

根据勘察报告资料，显示地下水一层地下水类型为潜水，埋深约为 20.8m，水位标高约为 23.26m，含水层以卵石⑦层为主。该层水透水性好，主要接受侧向径流及越流补给，以侧向径流方式排泄。

4. 特点与重点

工程重点分析及主要对策详见表 6-1。

表 6-1 工程重点难点及主要对策表

序号	项目	工程重点、难点	主 要 对 策
重点1	达官营站主体结构暗挖施工	1. 车站主体采用"PBA"法施工、土方开挖施工较困难。 2. 车站主体结构下穿大管径雨、污水管线，容易塌方	1. 施工前详查管线位置； 2. 编制详细施工方案，提出道路和管线的沉降控制值和工程预案； 3. 雨期施工需对雨水管施作防水内衬； 4. 位于现有管线下方施工时，做好超前小导管注浆加固； 5. 严格执行开挖步距，上层边跨开挖双排小导管超前注浆；确保加固圈厚度不小于2.0m； 6. 暗挖施工时，要制订详细的防沉控降安全措施
重点2	达官营站附属结构暗挖施工	1. 附属结构采用暗挖施工，土方开挖施工较困难。 2. 车站附属结构下穿大管径雨、污水管线，容易塌方	1. 施工前详查管线位置； 2. 编制详细施工方案，提出道路和管线的沉降控制值和工程预案； 3. 雨期施工需对雨水管施作防水内衬； 4. 位于现有管线下方施工时，做好超前小导管注浆加固，管线或构筑物净距过近的建议增大管棚与小导管结合超前支护； 5. 严格执行开挖步距，上层边跨开挖双排小导管超前注浆；确保加固圈厚度不小于2.0m； 6. 暗挖施工时，要制订详细的防沉控降安全措施
难点3	达官营站主体暗挖下穿人行天桥桥桩	天桥位于国家话剧院的南侧。天桥下部均为混凝土结构，桥上部主体为钢结构，桥下设有4棵墩柱，基础为现浇混凝土，桥上部为三跨连续梁，面层为连续混凝土桥面。主体暗挖采用双层三跨平底直墙钢筋混凝土结构，宽度22.9m，中心里程处覆土9.17m，结构顶与人行天桥基础底距离约4.3m	1. 施工时严格遵循"十八字方针"开挖，并作大刚度超前支护，并对拱部地层进行超前注浆加固，同时加强衬砌刚度，增设临时支撑措施，严格控制地面沉降。 2. 严格控制由降水引起的地面沉降； 3. 施工时进行实时监控，根据监测结果及时调整施工参数和加固措施； 4. 暗挖通过期间封闭天桥，并在桥下架设临时支撑； 5. 桥墩下打设注浆管，暗挖通过后根据监测情况，必要时在桥墩下注浆，控制桥的沉降与变形
重点4	达官营站附属结构下穿莲花河	1号风道暗挖法施工，开挖跨度10.1m，距河底4.85m，拱顶位于卵石圆砾层中	1. 施工时严格遵循"十八字方针"开挖，严格控制地面沉降； 2. 施工期间通过分段导流，在河底铺设防渗膜，范围为风道两侧各40m； 3. 施工时减小分块尺寸，洞内设2道CRD； 4. 施工时进行实时监控，根据监测结果及时调整施工参数和加固措施

二、主要施工过程

根据车站工程内容、车站工期安排，结合管线拆改工期，并综合考虑人、机、料的优化使用等因素，将达官营站工程分两个施工期完成。

（1）一期主要施工1号、2号风道，临时竖井和车站主体结构。

（2）二期主要施工车站1号、2号、3号、4号出入口等剩余附属结构。

达官营站施工过程如下：

（1）施工前期准备。

进行开工前生产、技术、生活等必要准备。

（2）专项工作施工。

由专项工作作业队负责建（构）筑物拆迁、管线改移保护等工作。进行专项工作时设施工围挡封闭施工。

（3）暗挖PBA工法施工。

1）利用1号风井作为车站主体临时施工竖井，施工进入车站的风道，风道作为车站主体的临时施工通道，通过该风道施工车站西侧横向导洞，向东施工上下小导洞。

2）2号风道施工进入车站的风道，风道作为车站主体的临时施工通道，通过该风道施工车站东侧横向导洞，向西施工上下小导洞。

3）临时施工竖井，通过横通道进入车站中部横向导洞，施工两侧上下小导洞。

4）先施工车站主体结构下导洞内底纵梁与部分底板，后施工车站上导洞内边桩与中间钢管柱。

5）先施工车站上导洞内边桩的纵梁结构和钢管柱的顶纵梁，后施工车站上导洞中间部分初支结构，在导洞初支结构的保护下，施工车站拱部二衬结构。

6）在车站拱部结构的保护下，由上到下开挖车站主体土方，逆作车站主体结构。

（4）主体结构施工完成后，利用车站站厅层施工出入口暗挖通道。车站二次结构是在车站主体结构全部完成并验收合格后方可进行施工；装修是在主体结构完成后插入施工；设备安装与二次结构、装修同时施工。

（5）防水工程施工：由防水作业队负责施工，穿插于结构施工中。

（6）管线、道路恢复由专项工作作业队负责施工。

（7）装修由装修作业队负责施工。

（8）设备安装由设备安装作业队负责施工。

（9）竣工验收、撤场：由装修施工作业队负责临设拆迁、现场收尾等工作。

三、重点施工节点总结

1. 人工挖孔桩

在主体结构边导洞内施作ϕ1000@1600人工挖孔桩、人工挖孔桩的深度为12.9m。考虑到小导洞净空尺寸为4.0m×3.0m（高×宽），在狭小导洞内边桩与中间钢管柱只能采用人工挖孔桩进行施工。

人工挖空桩施工工序如图6-13所示。

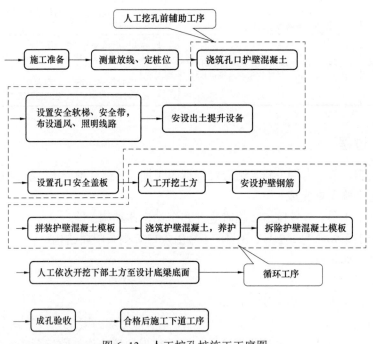

图6-13 人工挖孔桩施工工序图

图6-14 边桩、钢管柱成孔示意图

2. 钢管柱

边桩、钢管柱成孔均采用人工挖孔工艺，如图6-14所示，边桩挖孔直径通常为800～1000mm，钢管柱成孔需考虑钢管柱法兰盘连接时的操作空间，因此较法兰盘直径要大600～1000mm，钢管柱实际成孔直径为1600～2000mm。

（1）施工要点。

1）施工底纵梁时，采用高精度垂准仪、激光测距仪及前方交汇法，确定钢管柱基础的中心位置，预埋钢管柱定位杆，安装调平基板。

2）柱的钢管分节吊装，钢管各节之间采用高强螺栓连接。柱下端与底纵梁预留调平基板连接，上端用设在柱上的定位器定位。

3）通过投点仪和激光测距仪确认钢管柱的垂直度，看柱基的中心和柱的中心是否重合，能否达到精度要求。

4）采用导管灌注泵送混凝土。为确保钢管柱混凝土的密实，在混凝土中添加微膨胀剂，严格控制水灰比，并加强捣固。

（2）施工要求。

1）对钢结构合理分节，在满足导洞内运输和吊装以及保证吊装设备的吊重限制的前提下分节最小。

2）底纵梁上预埋的钢管柱底部法兰的标高和中心要严格测量和控制，在浇筑底纵梁混凝土前要固定牢固。底部法兰预埋螺栓要采用定位钢圈（双法兰）精确固定，以利于钢管柱与预埋法兰连接，避免出现割除螺栓的现象，影响钢管柱安装质量。

3）钢管柱安装完毕后要在挖孔桩内用型钢进行初步固定，然后回填砂并间隔回填 C20 混凝土，保证回填的密实，防止钢管柱浇筑混凝土和后续的顶纵梁和扣拱施工中桩顶发生位移。

4）在初支和二衬扣拱施工过程中，要注意左右对称施工，防止偏压过大造成钢管柱和顶纵梁移位。

3. PBA 工法扣拱技术

PBA 工法扣拱分为初支扣拱及二衬扣拱，具体施工方法施工步骤为：导洞内施工边拱格栅—分部开挖拱部土体、初支施工（初支扣拱）—向下开挖导洞间土体至站厅板设计标高—施工站厅板地膜—施工站厅板二衬结构—拆除导洞结构、施工上部二衬结构（二衬扣拱），扣拱完成，如图 6-15 所示。

图 6-15　达官营站初支、二衬扣拱

4. 中板施工

达官营站中板施工如图 6-16 所示。

（1）中板及中纵梁采用土模，方法是先挖土至中板底下 12cm 左右，并控制挖土标高误差小于 2cm，整平压实后浇筑 C10 混凝土垫层，在找平层上放线，按中纵梁的位置挖出梁的土模，靠土侧砌 12cm 厚砖墙。在土模表面刷脱模剂 1～2 遍。

（2）侧墙位置按主筋连接接头要求长度尺寸局部挖深，一般多挖 1m 左右的深土然后用砂回填，侧墙的竖向主筋向下插入砂坑槽内，满足下层侧墙竖向主筋机械连接尺寸要求。在施工下层侧墙时，其竖向主筋与上层预留插筋对齐采用机械接头连接，使得上下层钢筋始终保持垂直一致。

四、项目经验总结

1. 施工步序

（1）小导洞开挖顺序。

小导洞施工采取正台阶法。一般情况下，小导洞采用"先下后上、先边后中"的开挖原则，上下左右导洞之间纵向错开一定距离。

(a)

(b)

(c)

图6-16 达官营站中板施工

（a）达官营站中板底模铺设；（b）达官营站中板钢筋绑扎；（c）达官营站中板混凝土浇筑

（2）扣拱顺序。

边跨与中跨土体的开挖顺序不同，导致扣拱的顺序不同。其施工方法有如下两种：

第一种方法：为消除中、边跨拱脚推力差对钢管柱产生的不利影响，一般情况下拱部开挖顺序是中跨先行，边跨落后2～3m，然后先扣中拱初支，再扣边拱初支，如四号线宣武门站。

第二种方法：先开挖边跨土体，扣边拱初支、二衬后，然后开挖中跨土体，扣中拱初支、二衬后，再向下依次施工，如十号线的黄庄站。

（3）二次衬砌的施工顺序。

目前 PBA 工法二次衬砌的施工顺序有三种方式：全逆做法、全顺做法和半顺半逆做法。宣武门站二衬采用全逆做法，东单站二衬采用全顺做法，劲松站二衬采用半顺半逆做法，即站厅（台）层顺做、整体逆做。

经调查，PBA 工法暗挖车站二衬不同施工方法比例相当，全逆做法节省了许多临时横撑，但未封闭的二衬结构承受较大的荷载，容易开裂，且站厅层拱墙处多了一道施工缝；全顺做法需要架设大量的临时横撑，增加工程造价。

2. 边桩基础

现在 PBA 工法施工案例中，边桩有两种做法，其一为小导洞内施作条形基础，其二是加长边桩，利用桩基代替条基作用。条基的做法，可省去小导洞内钻孔施作长桩的麻烦，但多挖两个小导洞，在控制地面沉降以及节省工程费用等方面并没有明显的优势，因此设计应结合工程地质情况以及边桩参数的选取。

第三节 某地铁站施工实践

一、项目施工特点及重点

1. 项目概况

大连市地铁一期工程101标段为港湾广场站、中山广场站和港湾广场站—中山广场站区间的永久性土建工程，包括：主体工程及附属工程，机电设备系统、市政工程、管网的预埋件和预留孔洞的施工，人防工程土建施工，施工范围内各类管线新建及迁改的施工配合及不需迁改的各类管线的探验和保护等；施工降水工程的设计、施工、运行及维护；排水工程（从降水井到就近市政管线或城市水系所新敷设临时排水管线）的设计、施工、运行、维护以及附加工程和特殊工程（迷流、变电所，通信信号、防雷等的接地网工程的施工）。

中山广场站设于中山广场内地下，如图6-17所示，车站主体沿人民路、中山路呈东西走向，车站计算站台中心里程为CK5+960.269；起、迄点里程分别为CK5+890.969、CK6+046.969。车站共设4个出入口及两组风亭，其中，1、2号出入口预留，2、4号出入口通道分别与既有人民路、中山路与中山广场的原过街通道连接，既有人民路、中山路地面出入口利用两端的风亭均设在中山广场绿地内结合广场景观设置。

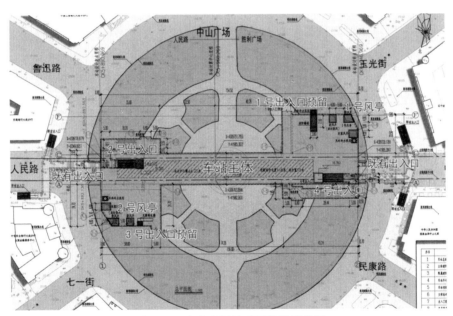

图6-17 中山广场站平面位置示意图

2. 设计概况

本站位于中山广场下，左右两端为地下三层明挖结构，中间为地下二层暗挖结构，车站长155.7m，暗挖标准段宽19.1m，站台宽10m，总建筑面积9650m²。

本站主要位于中山广场地下，可利用广场作为施工场地，基本不影响环岛周边各道路交通，广场东西两端地下通道需要改造为地铁车站出入口，南北向保留广场原有出入口及通道作为市民通行及活动场所。因此，地铁车站东西两端采用明挖法施工，中间采用暗挖法施工。

本站地下水位埋深较深，约7.9～10.2m，而且本站主体结构距离周边建筑物较远，但东西两端紧贴环岛道路，受施工场地限制，本站东围护结构选择钻孔桩＋钢支撑，西端围护结构选择吊脚桩＋锚杆。

中间部分位于广场内，考虑到周围居民的生活娱乐的需要，选择暗挖施工。基坑围护结构从小里程到大里程分三个区域：

东端：紧贴环岛道路，东端围护结构采用ϕ1000@1400 钻孔灌注桩+四道钢支撑的支撑体系。钢支撑采用ϕ609 钢管，壁厚 t 为 14/16mm，横撑水平间距约 3m，钢腰梁采用双拼I45b 组合腰梁。钢支撑中部设立柱桩。

中部：为保证暗挖段结构稳定，开挖时，随中风化岩面调整两侧导洞高度，确保冠梁底坐落在中风化岩面上。此外，小导洞底部做水平和斜向锚杆以稳定拱脚平台。

西端：西侧明挖围护结构上部采用ϕ800@1400 吊脚钻孔桩，设 3 道ϕ25/32 预应力锚杆@1400，吊脚桩插入深度为 3.5m。下部采用喷锚支护，按 1:0.1 放坡，采用ϕ25 全长粘结型锚杆支护。该工程排水采用坑内明排法，桩间网喷面设置泄水孔。

3．水文地质

（1）工程地质。

在勘探深度范围内，地貌为坡残积台地，表覆第四系全新统素填土层，其下为第四系全新统冲洪积粉质黏土、卵石土，下伏震旦系五行山群长岭子组全-中等风化板岩，节理裂隙较发育，岩体较破碎，中风化板岩为Ⅲ级围岩，全-强风化板岩为Ⅳ级围岩。

（2）水文概况。

下水类型主要为基岩裂隙水，主要赋存于强-中风化岩层中，略具承压性，水量中等。地下水位埋深相对较深，约 7.9～10.2m。地下水的排泄途径主要是蒸发和地下径流。主要补给来源为大气降水。

由于地层的渗透性差异，基岩中的水略具承压性，基岩裂隙发育，孔隙水与裂隙水局部具连通性。岩石富水性和透水性与节理裂隙发育情况关系紧密，节理裂隙发育的不均匀性导致其富水性和透水性也不均匀。

地下水对混凝土结构无腐蚀性，对钢筋混凝土结构中的钢筋无腐蚀性，对钢结构具弱腐蚀性。

4．特点及难点

（1）该工程的重点主要有车站深基坑稳定、暗挖车站爆破施工、明开车站施工期间的交通疏解、结构防水的质量控制、工程监控量测、盾构机在上软下硬地层的掘进控制等。

（2）地面沉降控制及对影响范围内地下管线和地上房屋的保护、爆破震动对煤气管等敏感的影响及溶洞的处理等也是重难点。

（3）中山广场有地下人防工程，需对其进行改造处理。

二、主要施工过程

根据工程实际情况，将本项目划分为三个区段，港湾广场站为一个工区、中山广场站为一个工区、港湾广场站～中山广场站区间为一个工区。每个工区分别组织流水施工，港湾广场站和中山广场站同时进行。将本标段总体划分为两个施工阶段。

第一施工阶段：该阶段为盾构机进场前阶段，主要进行车站前期工程及为满足盾构始发、接收部分的围护结构及主体结构的施工。

第二施工阶段：盾构进场后进行盾构区间施工及车站未完主体部分及附属结构、二次结构施工、区间横通道施工。

1．第一阶段的组织安排及流程

第一阶段的主要任务为：盾构机的选型、盾构机采购合同的签订、盾构机的加工制造、运输、组装；车站的围护结构、止水帷幕施工，主体结构施工。

根据第一阶段工作任务的性质将项目部管理人员分为两部分，一部分主管盾构前期工作，另一部分主管现场结构施工，两部分接口主要由总工程师协调处理。

（1）盾构机采购流程：根据业主招标文件精神及该标段的地质条件、线路条件决定盾构机的选型——组织盾构机采购招标——签订盾构采购合同——盾构机设计审查——盾构机制造及监造——盾构机验收——盾构机运输——盾构机组装始发。

（2）现场施工部分流程：该标段为两站一区间，港湾广场站—中山广场站区间采用盾构法施工。该标段港湾广场站为明开车站，中山广场站为明暗挖结合车站。盾构区间分别从港湾广场站向中山广场站始发。该标段港湾广场站施工进度是关键部位。

1）港湾广场站：该阶段港湾广场站的主要任务是完成西端60m的主体结构施工，达到盾构始发的条件。主要施工流程：

各种管线改移、保护及交通导改→交通导改、围护结构施工→军用梁架设及交通导改→降水→车站西端土方开挖及支护结构施工→车站西端主体结构施工。

2）中山广场站：该阶段中山广场站的主要任务是完成东端盾构接收井的主体结构施工，达到盾构接收的条件。主要施工流程：各种管线改移、保护及交通导改→围护结构施工→降水→车站东端竖井施工→车站主体结构施工。

2. 第二阶段组织安排及流程

第二阶段主要任务是：已完部分结构验收、盾构机进场组装、始发、盾构机掘进、盾构机接收、转场二次始发、剩余部分主体结构施工、附属结构施工、竣工验收。

根据业主要求，该区间施工采用一台盾构机完成。从港湾广场站始发，从中山广场站吊出。

（1）盾构施工主要施工流程为：盾构机在港湾广场站组装始发→掘进到达中山广场站→吊出返回港湾广场站→组装始发→掘进至中山广场站→解体外运。

（2）剩余工程施工：剩余主体工程部分施工——附属工程部分施工——横通道施工。

三、重点施工节点总结

本节主要介绍中心广场站重点施工节点

本项目总体施工方案如下。

中山广场站先进行车站东西端明挖基坑及结构施工，待西端结构施工完成后，回填恢复路面，安装垂直运输设备，然后进行车站暗挖段施工，最后进行出入口及风亭施工。

明开车站主要施工方案为：围护桩成孔考虑到入岩需要，采用冲击钻机成孔；钢筋笼吊装时采用汽车吊；石方爆破采用7655风钻人工打孔，电雷管起爆；锚索施工采用锚杆钻机；集中力量首先将盾构接收井的结构完成。土方开挖从始发端向另一侧施工，由于车站明挖部分较小，开始采用三台挖掘机将土石方倒挖至土方运输车，随着坡度加大后，现场安装塔吊进行垂直运输。车站明开部分土方开挖原则是"竖向分层，纵向分段，中部拉槽，横向扩边。"每端采用三台挖掘机台阶式后退挖土，开挖过程中配合安装围檩同时施工锚索。结构混凝土采用预拌混凝土；混凝土浇筑采用混凝土泵车；主体结构模板体系侧墙采用1500mm×600mm组合钢模板；顶板及中板底模采用多层胶合板；支撑体系采用满堂红脚手架；出入口结构模板采用多层胶合板；施工期间材料的垂直运输由塔吊完成；土方回填采用压路机。

中间暗挖车站主要施工方案为：在西端竖井处搭建垂直运输塔吊；格栅加工在现场进行；洞内爆破采用7655风钻人工打孔，电雷管起爆，台阶法施工。洞内土方运输采用内燃10t平板车载土斗往返运输，爆破后采用80t挖掘机装土；通风采用轴流风机，为减少风损，竖井进洞段采用镀锌铁皮加工风管弯头，风管采用800mm直径。喷射混凝土采用湿喷；二衬混凝土采用商品混凝土，二衬混凝土浇筑在井口设置地泵，将泵管接至工作面浇筑二衬混凝土，二衬模版采用定做组合弧形钢模板，支撑体系采用工字钢加工拱架配合扣碗式脚手架。

1. 钻孔桩施工

（1）钻孔桩施工工艺流程为：

放线定点→开挖桩顶冠梁以上部分土方→钻机就位→埋护筒→泥浆护壁钻孔至设计深度→泥浆置换→拔出钻杆→测量孔深→吊放钢筋笼→水下灌注预拌混凝土成桩

（2）桩孔钻进。

1）钻孔前钻头对好桩位，定位误差≤2cm。

2）垂直度采用钻机自身的垂直检测装置控制，并辅以人工铅锤两个方向同时校正垂直精度。

3）开始钻进时，进尺应适当控制，在护筒刃脚处，应短冲程钻进，使刃脚处有坚固的泥皮护壁。待钻进深度超过钻头全高加正常冲程后可按土质以正常速度钻进。如护筒外侧土质松软发现漏浆时，可提起钻锥，向孔中倒入黏土，再放下钻锥冲击，使胶泥挤入孔壁堵住漏浆孔隙，稳住泥浆继续钻进。

在砂类土或软土层钻进时，易塌孔。应选用平底钻锥、控制进尺、低冲程、稠泥浆钻进。

泥浆补充与净化：开始前应调制足够数量的泥浆，钻进过程中，如泥浆有损耗、漏失，应予补充。并应按泥浆检查规定，按时检查泥浆指标，遇土层变化应增加检查次数，并适当调整泥浆指标。

每钻进 2m 或地层变化处，应在泥浆槽中捞取钻渣样品，查明土类并记录，及时排除钻渣并置换泥浆，使钻锥经常钻进新鲜地层。同时注意土层的变化，在岩、土层变化处均应捞取渣样，判明土层并记入记录表中以便与地质剖面图核对。

4）通过钻进中辅助带重锤的测绳，在同一孔底测试 2 个点以上，以验证孔深度。

5）检孔。

钻孔完成后，用电子孔斜仪或检孔器进行检孔。孔径、孔垂直度、孔深检查合格后，再拆卸钻机进行清孔工作，否则重新进行扫孔。

6）清孔。

清孔的目的是使孔底沉渣、泥浆相对密度、泥浆中含钻渣量等指标符合规范要求，钻孔达到要求深度后采用灌注桩孔径监测系统进行检查，各项指标符合要求后立即进行清孔。

（3）钢筋笼加工组装、安放。

1）钢筋运至现场，须按型号、类别分别架空堆放。

2）使用前必须调直除锈，并具备出厂合格证及合格的试验报告，方可使用。

3）钢筋笼加工允许偏差应符合下列规定：

主筋间距：±10mm；

箍筋间距：±20mm；

钢筋笼直径：±10mm；

钢筋笼长度：±100mm。

4）钻孔桩钢筋笼在现场加工场制作，成形后的钢筋笼进行挂牌标示，钢筋笼通过专用的平板车运至孔口安装。钢筋笼制作采用架力环筋成形法，架力环筋设置主筋内侧，同时为确保钢筋笼位置及保护层厚度，在钢筋笼主筋外每隔 3m 左右按梅花型设置 ϕ16 钢筋附耳。为确保钢筋笼运输和吊装过程中不发生永久性变形，在成型的钢筋笼内按@3000mm 设置一道十字支撑。制作过程中箍筋与主筋间焊接牢固，同一截面上主筋焊接接头数不得多于主筋总数的 50%。

5）钢筋笼采用履带吊车吊装。在运输吊放过程中严禁高起高落，以防止弯曲变形。钢筋笼入孔时应对准孔位徐徐轻放，应由专人扶住并居孔中心，缓慢下至设计深度，避免碰撞孔壁。钢筋笼应固定牢固，提升导管必须防止钢筋笼被拔起。浇筑混凝土时，必须采取措施，以便观察和测量钢筋笼可能产生的移动。在桩孔内放入钢筋笼骨架后，应尽快不间断地连续浇筑混凝土。

（4）水下灌注混凝土施工。

1）在灌注首批混凝土前须先在导管内吊挂隔水塞，隔水塞采用橡胶球胆塞，吊挂位置应临近水面。

2）采用预拌混凝土灌注，在首批混凝土用量应将混凝土全部灌入导管中，确保首批混凝土灌注量满足导管埋入混凝土中不少于 1.5m。

3）首批混凝土灌入正常后，应连续不断灌注混凝土，严禁中途停工。在灌注过程中设专人经常量导管的埋深，并适当提升和拆卸导管，导管最大埋设不大于6m，最小不小于1.5m，拆下的导管应立即冲洗干净。

4）在灌注过程中，当导管内混凝土不满或含有空气时，后续的混凝土宜徐徐灌入漏斗和导管，不得将混凝土整斗从上面倾入管内，以免在导管内形成高压气囊，挤出管节间的橡胶垫而使导管漏水。

5）最后一批混凝土灌注时，应考虑到存在一层与混凝土接触的浮浆层需要凿除，混凝土须超灌50cm的量，以便在混凝土硬化后查明强度情况，将设计标高以上的部分用风镐凿去。

2. 预应力锚杆施工

（1）预应力锚杆施工工艺流程。

造孔→插锚杆→灌浆→二次注浆→锚头支装→张拉锁定。

（2）成孔。

成孔采用锚杆钻机，冲击回转反循环钻进，孔深比设计孔深深0.3~0.5m。

（3）锚束加工组装。

1）根据锚杆参数表在现场平坦地上加工组装。每根锚杆下料长度误差小于50mm，锚杆体总长不得小于设计总长度+张拉设备需要长度。

2）锚束体的锚固段设置隔离架，间距1.5m，且绑扎牢固。

3）自由段长度段涂黄油，套塑料套管，套管端应绑扎密封。

（4）锚杆灌浆。

采用纯水泥浆，W/C=0.45，用普通42.5级硅酸盐水泥。每批锚杆灌浆取两组试件，每组3块，进行3、7天强度试验，7天强度不少于15MPa。

（5）锚杆预应力张拉与锁定。

锚固体强度达到15MPa以上时（一般灌浆后7天），开始张拉锚杆，张拉前先取设计轴向力的0.1倍（即70kN）对锚杆预张拉1~2次，经调整锚具后，再正式张拉，并按规范对张拉荷载分级，拉至设计荷载用卡片锁紧并封堵渗水的锚杆孔，以防渗漏引起锚杆的松弛。

（6）锚杆施工质量应符合《岩土锚杆与喷射混凝土支护工程技术规范》（GB 50086—2015）中的要求。预应力张拉锁定值应符合设计要求，孔位误差±50mm，孔口中心标高±100mm。钻孔深度应比设计深0.3~0.5m，锚束体总长度应不小于设计的95%，钢绞线应符合ASTMA416~90a标准。注浆要满实，要求对每根锚杆的水泥含量进行记录、评估。

（7）正式施工前，根据规范要求，在原地做3根锚杆试验，根据试验优化锚杆设计。

四、项目经验总结

1. 竖井施工

锁口圈梁——控制沉降、防雨水灌入。

竖向连接钢筋——加强四个角部的拉结。

土方开挖——对角开挖。

支护锚杆——控制沉降，与格栅钢筋焊接。

竖井初衬在"马头门"部位——增加竖向加强格栅。

2. "马头门"施工

水平管棚（一般长8m）或水平小导管（一般长5m）作超前支护。

采用分块破除、台阶法进洞，密排两榀格栅。上导洞进洞2~3m封闭掌子面，再破除"马头门"下部分结构，开挖下导洞。

单侧进洞15m，再开另一侧。

高大断面，特别是直墙拱结构，应先施工二衬或临时支撑后，再破"马头门"。

第七章　铺盖法地下管廊施工

第一节　铺盖法地下管廊施工概述

一、施工原理与适用性

铺盖法是盖挖法的一种特殊施工形式，施工思路是先通过半幅施工的方式，分幅进行军用梁铺盖系统的施工，形成整体的铺盖系统后，及时恢复现况交通，采用施工马道或预留出土口进行基坑土方开挖，基坑挖到设计标高，再自下而上顺做主体结构。由于土方开挖和地下主体结构（主要是地铁车站）施工全部在铺盖系统下进行，军用梁只用作承托临时铺盖及地面车辆等荷载的作用，减少了占用现况路的时间，减小了对现况交通及居民出行的影响，同时，提高了地下主体结构的建设速度，达到双赢的效果。

铺盖法主要适用于地铁地下车站、地下过街通道等涉及占路施工或对周边交通出行影响较大的地下建构筑物的施工，可短时间占用交通，减小影响。

二、施工方法概述

铺盖法施工要结合现场交通等情况进行统筹，军用梁架设要随交通导改施工进行，一般情况下采用半幅施工，先将现况交通导改至半幅场地外或两侧，施工半幅军用梁，跨度大要在中间加临时支墩，把半幅军用梁架在围护结构冠梁及临时支墩上，每榀之间用纵向联结系和斜杆联结系固定好后，上铺预制混凝土路面板，沥青混凝土铺面，然后拆除围挡由交通部门划线通车。再将交通导行至已完成的半幅铺盖系统上，施工另外半幅军用梁铺盖系统，并通过受力转换，拆除临时支墩，使铺盖系统连接成一个整体，具备恢复现况交通的条件，完成铺盖系统的施工。然后，在铺盖系统下，利用马道或预留口进行土方开挖及地下主体结构施工。铺盖法施工断面示意图如图7-1和图7-2所示。

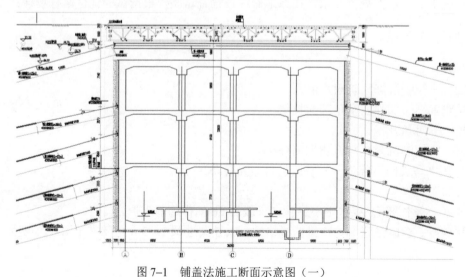

图 7-1　铺盖法施工断面示意图（一）

注：1. 采用盖挖顺做法军用梁铺盖系统施工；2. 基坑支护采用桩+锚杆体系。

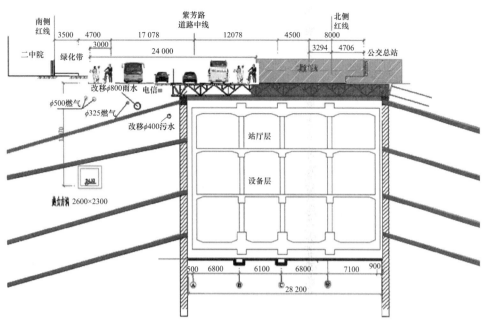

图 7-2　铺盖法施工断面示意图（二）

第二节　某轨道交通施工实践

一、项目施工特点及重点

1. 项目概况

地铁 14 号线 11 合同段工程包括：方庄站（176.6m）一个车站和蒲黄榆站～方庄站暗挖区间（253.06m），方庄站—十里河站盾构区间（1414.85m）两段区间隧道，如图 7-3 所示。

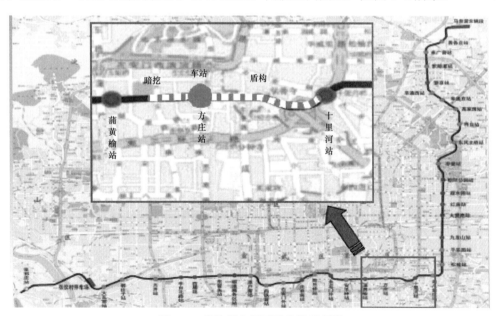

图 7-3　某轨道交通平面位置示意图

本节主要介绍方庄站。

2. 设计概况

方庄站设置 4 个出入口、2 个风道及 3 个安全出入口，如图 7-4 所示。主体采用盖挖顺作法（倒边）施工，并采用军用梁作临时路面结构。附属结构 4 号出入口和 2 号风道为内置，与主体结构同期施工；1 号风道及 1B 出入口采用明挖法施工，需拆除项目部办公区房屋；1A 出入口、3 号出入口、4 号出入口、采用暗挖法施工，从出入口向主体结构开挖。

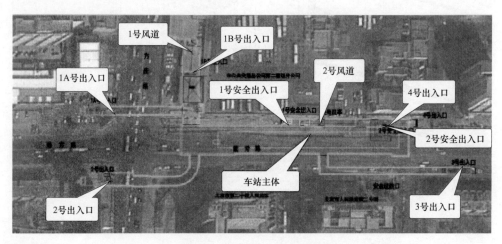

图 7-4 方庄站平面示意图

车站路面铺盖系统采用 23.5～29m 跨的军用梁沿基坑东西向横向布置，间距 0.8～1.0m，共需 195 榀。为满足交通要求，车站围护结构施工完毕后，在桩顶冠梁顶部架设军用梁，军用梁架设完毕后，围挡外路面采用 200mm 厚 C30 钢筋混凝土板+50mm 厚沥青，围挡内路面采用 16 号工字钢@300+20mm 厚钢板形成临时路面，保证道路的正常通行，龙门吊及道路下方 16 号工字钢加密至 120mm（加密范围可根据实际位置调整）。军用梁临时路面围挡外荷载：考虑 4 个车道车辆荷载，车辆荷载为城-B 级汽车荷载，汽车限速 30km/h。围挡内施工荷载：均布荷载 15kPa；龙门吊自重 120kN，载重 50kN，仅一侧作用在 24m 及 23.5m 跨军用梁上；电葫芦载重 50kN，作用在两侧第一个加强三角下方节点；围挡内 1 个车道，车辆荷载为城-B 级汽车荷载，汽车限速 30km/h。

3. 水文地质

地场范围土层分布较为稳定，自上而下依次为人工填土、第四纪全新世冲洪积地层、第四纪晚更新世冲洪积地层三大类。

本次勘察共测得三层地下水：潜水（二）、层间水（三）及层间水～承压水（四）。

潜水（二）：稳定水位埋深 14.80～15.90m，标高 22.57～23.47m，主要接受侧向径流及大气降水补给，以侧向径流和向下越流为主要排泄方式。

层间水（三）：稳定水位埋深 19.40～22.2m，标高 16.1～18.87m，主要接受侧向径流及潜水补给，以侧向径流和向下越流为主要排泄方式。

层间水～承压水（四）：稳定水位埋深 28.10～37.00m，标高 1.10～10.17m，主要接受侧向径流补给，以侧向径流、越流和人工开采为主要排泄方式，受地层分布影响，该层水局部表现有承压性。

4. 特点及重点

（1）方庄站采用盖挖顺做法施工，需进行多次交通导改，施工场地狭小现场不具备存梁条件，军用梁需在场外拼装成型后运至现场，对运输车辆及成本提出较高要求。

（2）军用梁分两次铺设，军用梁铺盖体系受力转换是控制重点。

（3）方庄站基坑开挖在铺盖系统下进行土方开挖，出土困难。

（4）方庄站铺盖系统上仅留置五个下料口，材料的垂直及水平运输难度大。

二、主要施工过程

1. 施工流程

方庄路站为地下三层盖挖车站，车站主体采用铺盖顺做法施工，其他风道、出入口采用暗挖或明挖法施工。具体施工流程如图 7-5 所示，其施工过程图如图 7-6 和图 7-7 所示。

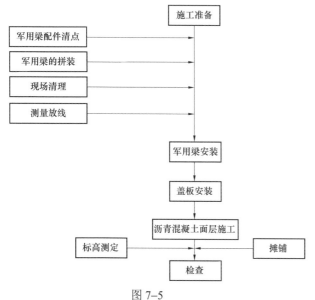

图 7-5

图 7-6　暗挖区间竖井及横通道二衬施工完工图

防水施工

二衬钢筋施工

模板支架施工

图 7-7

2. 施工安排

（1）临时路面系统施工安排。

根据总体施工筹划，军用梁架设随交通导改施工进行，第二期交通导改期间施工车站南半幅军用梁，首先要在车站中心设一道临时基础，基础尺寸 1500mm×850mm，采用 C30 混凝土浇筑，把半幅军用梁架在南侧的冠梁及临时基础上，每榀之间用纵向联结系和斜杆联结系固定好后，上铺预制混凝土路面板，沥青混凝土铺面，然后拆除围挡由交通部门划线通车。

第三期交通导改施工车站北半幅军用梁，直接把军用梁架在北侧的冠梁和中间临时基础上，随土方开挖破除临时基础。

1）军用梁自西向东架设，先开挖西侧土方，开挖长度约 40m、深度为冠梁顶以下 1.2m，施工临时基础，架设军用梁、铺设路面板。

2）在架设西侧军用梁过程中向东开挖土方，开挖长度约 34m、深度为冠梁顶以下 1.2m，施工临时基础，架设军用梁、铺设路面板。

3）向东开挖土方，开挖长度约 60m、深度为冠梁顶以下 1.2m，施工临时基础，架设军用梁、铺设路面板。

4）向东开挖土方，至车站东端头、深度为冠梁顶以下 1.2m，施工临时基础，架设军用梁、铺设路面板。

5）清理现场并铺设沥青混凝土。

（2）临时路面系统的施工。

1）二期交通导改。

二期实施车站主体南半幅铺盖系统，同时完成南侧围护桩及南侧首层锚索施工。需占用主路北侧半幅车道，将现况交通从南北两侧新导流路进行双向导改。

基坑南侧设置两条机动车道、一条非机动车道和一条人行步道：快车道 3.50m、慢车道 3.75m、非机动车道 2.8m、人行步道 2m；基坑北侧设置两条机动车道和一条人车混行道：快车道 3.50m、慢车道 3.75m、非机动车道 3.8m、人行步道 2m，如图 7-8 所示。

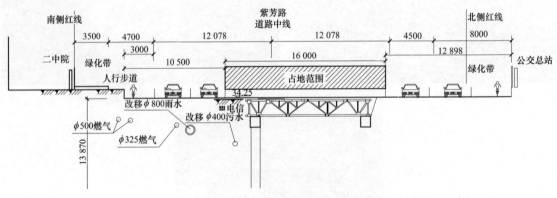

图 7-8　二期交通导改示意图

2）三期交通导改。

三期导改完成铺盖系统的铺设工作，将交通恢复至现况道路，将道路北侧围挡，进行主体结构的施工。本期导改是施工的主要阶段。

三期交通导改围挡南侧道路各设置两条机动车道、一条非机动车道和一条人行步道：快车道 3.5m、慢车道 3.5m、非机动车道 3.5m、人行步道 2m，如图 7-9 所示。

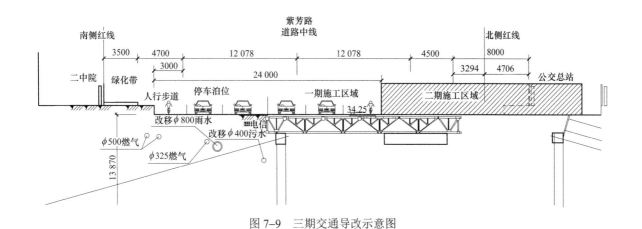

图 7-9 三期交通导改示意图

三、重点施工节点总结

1. 预埋件安装

为了准确牢固地安装军用梁。需要在浇筑桩顶冠梁进行预埋件布置，并在浇筑前逐一核对，预埋件（图 7-10）布置间距为 520mm，由测量人员精确定位，误差不应超过 3mm。

2. 军用梁安装

（1）临时路面施工，先破除路面，向下开挖至冠梁底标高位置，在距离车站南侧挡土墙 12.62m 处，沿车站东西方向立模浇筑一条临时基础（图 7-11），临时基础部尺寸 1500mm×850mm，临时基础顶部放置 φ10 钢筋 200mm×200mm 钢筋网片（图 7-12），底部纵向布置 5 根 φ12 钢筋，分布筋 φ12@200 布设，浇筑 C30；施工基础及冠梁时要注意严格控制标高及预埋件的位置，保证军用梁架设安全。临时军用梁每 10 片军用梁设置一道变形缝，变形缝设置时应设在两片军用梁之间。

基坑⑬～⑭轴、⑰～⑱轴处的预留洞口两边各设有两片双层军用梁。架设双层军用梁过程中施作的临时基础顶标高比单层军用梁的顶标高低

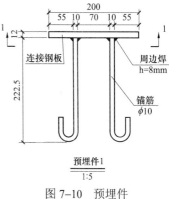

图 7-10 预埋件

1.5m。为防止双层军用梁土方开挖时扰动单层军用梁的土层，因此在单层双层军用梁交界处砌筑 370mm 厚砖墙，采用砌块砖、M10 水泥砂浆，并在双层军用梁区域基坑北侧施作土钉墙支护。临时基础强度必须达到 100% 才能架设军用梁。

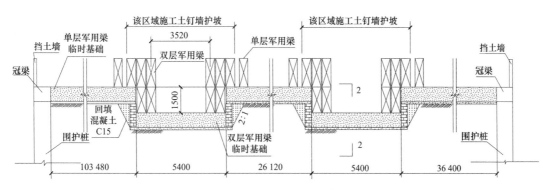

图 7-11 军用梁临时基础纵剖面图

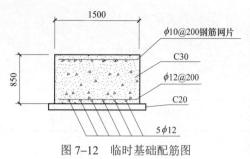

图 7-12 临时基础配筋图

（2）军用梁由租赁单位在场外按照六四式铁路军用梁的拼装销接要求进行军用梁的拼装作业。完成后拉运至现场，然后利用 25t 的汽车吊把整段军用梁架设在冠梁顶预埋支座和临时基础上。先用连接角钢 1 与冠梁预埋铁焊接焊缝高度不小于 8mm，如图 7-13 所示。再用 M22 螺栓将军用梁下弦杆与角钢连接固定。军用梁架设前应提前对军用梁的标高和轴线进行放线、复测，保证军用梁位置准确。临时基础与军用梁之间存在缝隙时，在临时基础上部加垫钢板，确保预制盖板与军用梁间密帖。

冠梁与军用梁之间设有 10mm 厚的钢板+10mm 厚的橡胶垫。吊装架设过程中用螺栓与冠梁上提前焊接的角钢进行栓接，再用提前准备的套管螺栓对每片军用梁进行连接。

（3）军用梁预留洞口处上节点用螺栓将上拉杆栓接固定（图 7-14），下节点用螺栓将梁撑杆交叉固定，防止军用梁在预留洞口处发生侧倾。

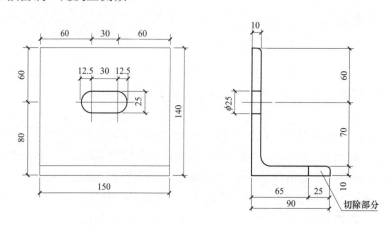

连接角钢1
1:3

图 7-13 军用梁与冠梁节点图

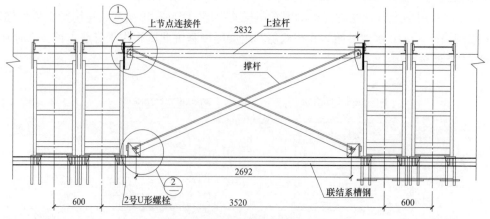

图 7-14 军用梁洞口节点示意图

3. 路面预制板安装

工字钢及路面板在吊装架设前，应先在已架设好的军用梁上放线定位。

（1）军用梁安装完毕后，围挡外需要在军用梁上弦杆上面铺设 200mm 厚预制的合格混凝土板，用一号 U 形螺栓把预制板固定在军用梁上弦杆上，如图 7-15 所示。路面板铺装时板与板的标高一致，连锁紧密、齐平，不得有错落现象。军用梁与路面板联结的 U 形螺栓松动时要在军用梁下部进行及时加固。军用梁与路面板之间采用 10mm 厚的橡胶垫。预制盖板与军用梁之间存在缝隙时，在橡胶垫上部加垫 1mm 厚的薄钢垫片，确保预制盖板与军用梁间密贴。

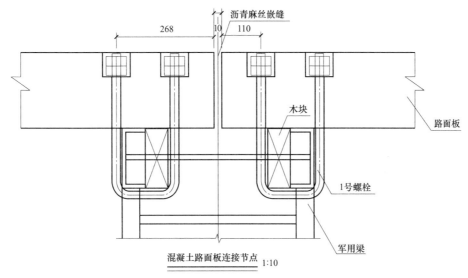

图 7-15 混凝土路面板与军用梁连接节点示意图

（2）围挡内路面采用 16 工字钢@300+20mm 厚钢板形成临时路面，保证道路的正常通行，龙门吊及道路下方 16 工字钢加密至 120mm（加密范围可根据实际位置调整）。

（3）预留洞口处路面做法采用 22a 工字钢@110 满铺，上铺 10mm 厚橡胶垫+10mm 厚花纹钢板。工字钢按密排布置，翼缘焊接，焊缝高度不小于 8mm；工字钢两端下方焊接槽钢或角钢与军用梁上弦倒扣，以固定其位置。钢板向混凝土板方向延伸不小于 50mm。路面板配筋图如图 7-16 所示。

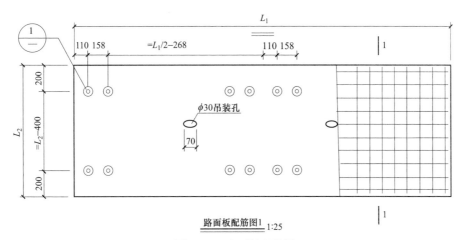

图 7-16 路面板配筋图

4. 沥青混凝土路面施工

路面板铺设完毕后，在主路两侧距路边缘 30～50cm 处每隔 20m 放测墩或测钎，按设计纵坡及横坡根据施工余量下返测设高程，然后用 AC-13 沥青混凝土在上面做一层 50mm 的沥青面层。

（1）沥青混合料运输。

沥青混合料用自卸汽车运输，装料时应分多次装载，车厢底板及周壁应涂一层油水（柴油:水为 1:3）

混合液。车辆数量必须满足摊铺机连续摊铺的要求，不因车量少而临时停工。运输车辆上应覆盖，运至摊铺地点的沥青混合料温度不宜低于140℃。对到现场的运输车辆内的沥青混合料进行现场温度测试，用温度计插入混合料中（中下层）不少于3min。严格控制进场材料的温度，运输中尽量避免急刹车，以减少混合料离析。

（2）沥青混合料摊铺。

1）熨平板加热：每天开始施工前或者停工后再工作时，应对熨平板进行加热，即使夏季热天也必须如此，但加热熨平板不可火力过猛，以防过热。在连续摊铺过程中，当熨平板已充分受热时，可暂停对其加热，但对于摊铺低温混合料，熨平板则应连续加热，以使板底材料经常起熨烫作用。

2）摊铺方式：采用单机作业，在确定摊铺宽度时应注意，上下摊铺层的纵向接茬应错开30～40cm，在纵向接茬处应有平均为2.5～5cm的重叠层，接上熨平板时必须同时接上螺旋摊铺器和振捣梁，同时检查前后熨底板的平直度和整体刚度。

摊铺时按照现有中华路的横坡先从较低处开始。各条摊铺带宽度最好相同，节省重新接熨平板的时间。严格掌握进场及摊铺混合料温度，现场随时测量沥青混凝土料的温度，温度低于100℃或者未经压实，便被雨淋的沥青混合料不能摊铺。摊铺时随时检查摊铺厚度、横坡，摊铺应缓慢、均匀，连续不停地进行，不得中途停顿，同时要防止停机待料的情况，各工序要紧密衔接。

（3）沥青混合料的压实。

1）初压：初压时用6～8t双轮振动式压路机（关闭振动装置）压两遍，如图7-17所示，初压温度为110～130℃，初压后检查平整度、路拱，必要时予以修整。如在碾压时出现推移，可待温度稍低后再压，如出现横向裂纹，应检查原因，及时采取措施纠正。

2）复压：复压时用12～14t双轮振动式压路机进行碾压4～6遍，至稳定和无明显轮迹，复压温度为90～110℃。

3）终压：终压时用6～8t双轮压路机碾压2～4遍，终压温度不小于90℃。碾压时压路机应由路两侧向路中碾压，双轮式压路机每次重叠宜为后轮宽的1/2。双轮压路机每次重叠30cm。

图7-17 半幅军用梁铺盖系统试压

对于压路机无法压实的拐弯死角、加宽部分及某些路边缘等局部地区，采用振动板压实。雨水井及各种检查井的边缘用人工夯锤、热烙铁补充压实。

沥青混合料路面应待摊铺层完全自然冷却，混合料表面温度低于50℃后方可开放交通，需要提早开放交通时，可洒水冷却降温。

5. 桩顶冠梁处路面体系防水处理

在钻孔桩上部沿围护结构设置桩顶冠梁，冠梁顶设挡土墙，挡土墙端头与盖板搭接好，路面应该高出原地面少许，铺设沥青混凝土应从北向南找坡，将雨水从围挡内排除，自然流入现有地下市政雨水管线。防止车站主体施工时，上部的雨水从端头渗入。

6. 军用梁及路面板的吊装

军用梁由租赁单位场外拼装完成后运至现场进行现场组装。安排 25t 长臂的汽车吊架安排军用设在基坑南侧自西向东逐一架设军用梁；汽车吊架设在基坑西端头吊装混凝土预制板，自西向东推进施工，如图 7-18 所示。

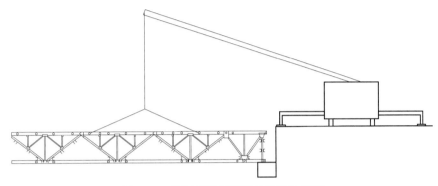

图 7-18　军用梁及路面板的吊装示意图

施工过程中摆放临时隔离墩，设置临时交通旋转灯，指派专人身着反光背心，手持荧光棒维护现场，保证施工期间交通及施工安全。吊装过程中如遇 4 级大风、雷雨天应立即停止施工。

四、项目经验总结

临时基础破除方法如下：

（1）用小型挖掘机在临时基础下每隔 6m 跳仓开挖一个宽 1m 左右的洞，要南北贯通。

（2）待所有洞口开挖贯通后，根据原有坡度缓慢削去剩余土方，形成一个宽约 3m 左右的洞，洞口内土方根据地质情况放坡，使得临时基础下土方支撑面积减少而临时基础下降，与已铺设好的军用梁分离。

（3）待所有洞口开挖形成后，待临时基础脱离后，采用人工配合机械先对预留土堆顶处的临时基础进行切断，然后再对临时基础分段进行跳仓分段破碎。

第八章 大直径顶管地下管廊施工

第一节 大直径顶管地下管廊施工概述

一、施工原理与适用性

顶管施工是一种不开挖或者少开挖的管道埋设施工技术。顶管施工就是在工作坑内借助于顶进设备产生的顶力，克服管道与周围土壤的摩擦力，将管道按设计的坡度顶入土中，并将土方运走。一节管子完成顶入土层之后，再下第二节管子继续顶进。最后将若干节管子组成的管道埋设在两坑之间。其原理是借助于主顶油缸及管道间、中继间等推力，把工具管或掘进机以及管节从工作坑内穿过土层一直推进到接收坑内吊起。

它的技术要点在于纠正管子在地下延伸的偏差。特别适用于大中型管径的非开挖铺设。具有经济、高效，保护环境的综合功能。这种技术的优点是：不开挖地面；不拆迁，不破坏地面建筑物；不破坏环境；不影响管道的段差变形；省时、高效、安全，综合造价低。

该技术在我国沿海经济发达地区广泛用于城市地下给排水管道、天然气石油管道、通信电缆等各种管道的非开挖铺设。它能穿越公路、铁路、桥梁、高山、河流、海峡和地面任何建筑物。采用该技术施工，能节约一大笔征地拆迁费用、减少对环境污染和道路的堵塞，具有显著的经济效益和社会效益。

二、施工方法概述

顶管施工方法大致可以分为三种：① 土压平衡式；② 泥水平衡式；③ 气压平衡式。

（1）土压平衡式顶管就是以土压平衡为工作原理的一种顶管施工方法。此法在工作时，通过大刀盘及仿形刀盘对机头正面土体的全端面切削，利用主顶设备把机头向前推进，把切削下来的泥土挤进机头土仓内，通过调节机头顶进速度和螺旋输送机的转速来控制土仓内的压力，土仓内的压力用来平衡地下水的压力和机头前方的土压力。

（2）泥水平衡式顶管是一种以全断面切削土体，以泥水压力来平衡土压力和地下水压力，又以泥水作为输送弃土介质的机械自动化顶管施工法。泥水平衡顶管系统主要由顶管机头、地面操作台及其他辅助设备组成，机头内部有 PLC 控制箱，地面操作台机头给出动作信号控制机头的动作。排泥系统将弃土排除，吊车下管，由千斤顶将管道分段顶进。随着工具管的推进，刀盘在不断转动，进泥管不断供泥水，排泥管不断将混有弃土的泥水排出泥水舱。泥水舱要保持一定的压力，使刀盘在有泥水压力的情况下向前钻进。

（3）气压平衡式顶管的工作原理是通过作用于临时掘进工作面上的气体压力（这里的气体压力一般根据工具管底部的地下水压力来确定），来阻止地下水。在整个掘进工作面的高度范围内，作用的气体压力是相等的，但地下水的压力是有梯度的，因此在工具管的顶部就形成一个超过平衡压力的气体压力区。在这一压力作用下，地层空隙中的水被挤出，地层也从原来的饱和状态过渡到半饱和状态，从而起到平衡挖掘面的作用。

顶管施工最突出的特点就是适应性问题。针对不同的地质情况、施工条件和设计要求，选用与之适应的顶管施工方式，如何正确地选择顶管机和配套辅助设备，对于顶管施工来说将是非常关键的。

三、施工工艺流程

主要机械设备：吊装设备、高压油泵、大吨位千斤顶、后背桩及后背梁、导轨及出土工具、经纬仪、水平仪。机具功能及数量根据被顶进管节的直径长度及重量而定。施工要点：

（1）顶管工作坑开挖要依照施工方案及具体环境进行，坑的长宽要视土质，被顶管节的直径、长度，机具设备，下管及出土方法而定。工作坑除安装顶管的机具设备后背、导轨、顶进管节以外，还要有利于向坑外出土和作业人员的操作。一般要求，工作坑上口前缘距路缘≥2m，安放管节后每侧要有1m的工作面，管节后侧与千斤顶之间要有利于出土的空间，在有水的环境中要设置水坑及排水设施，工作坑壁的放坡系数根据土质情况应符合要求，坑底要夯实。

（2）导轨由四根钢轨和若干枕木组成，枕木置在工作坑底下1/2枕木高的基土上，枕木间距800～1000mm，钢轨的长度等于工作坑底面的长度减去钢轨桩所占的位置，钢轨的间距要视被顶管节的外径而定，一般要保证管节安放后下皮高出枕木上皮20mm，千斤顶安装后要与管节的横截面有最大的接触面，钢轨安装要平直，前端抬头要有0.5%～1.0%的坡度。

（3）顶进后背：后背的坚固与否直接影响顶管的效果，所以，后背所具有的能力必须能满足最大顶力的需要，后背由后背桩、后背梁和后背桩后面的夯实土所组成，后背桩一般以钢轨代替，埋入坑底以下1.5m左右，桩后填土分层夯实，后背桩平面垂直于顶进方向的轴线，钢制后背梁放在桩前的导轨上。顶进后背的其他组成形式有砌筑毛石的，有预制钢筋混凝土块组合的。

（4）安装顶进设备和管节：顶进设备由一台高压油泵和两台200～500t千斤顶组成，千斤顶安在后背梁与管节之间，管节后端和千斤顶之间有专用钢护圈及麻辫或橡胶垫对混凝土管端保护，管外壁涂石蜡做润滑剂，减少顶进摩阻力，千斤顶通过传力柱将管节顶入路基。

（5）挖土、顶进、测量及纠偏（土压平衡式）：设备安装后经试运转无异常即可掏土顶进，掏土视土质及管顶上部覆土厚度而掌握进尺深度，土质较密而且覆土较厚，有利于形成卸力拱，可以适当多挖，土质松散或覆土厚度较小，则要少挖，勤挖勤顶，挖土直径不可超过管节的外径。

挖土及运土的工具根据管径的大小而定，内径在880～1500mm的制作专用小车，内径在1500mm以上的可用双轮小车直接出土，土的垂直运输可用吊车或电动葫芦。

顶进过程要时刻测量，每一顶程过后，要对管的高程及左右偏差测量一次，发现问题及时纠偏，纠正左右偏及抬头扎头的措施，可以在管的前端设一斜撑支于管前的土壁上，结合一侧超挖土方，随顶随纠偏。前两节的衔接处，用钢板焊制的钢胀圈加固，作为防止偏差的一项措施。

第二节 某桥区积水治理工程施工实践

一、项目施工特点及重点

1. 项目概况

该工程为中心城泵站升级改造工程五路居泵站调蓄池、检查井结构，位于北京市海淀区五路桥西，如图8-1所示。该工程施工内容包括：新建检修井、新建泵井格栅间、五路桥立交桥区底水位收集系统、新建退水管线等四大项，其中D3000蓄水管道为该工程的施工重点。

储水管管径为D3000mm，长度为295m，有效容积2090m³。储水管埋深6m左右，采用顶管施工。

2. 设计概况

（1）新建调蓄池1座，含$L \times W \times H$=10.5×6.3×12.05泵井格栅间1座、$L \times W \times H$=12.3×4.8×9.6检修井1座及D3000储水管295.4m。调蓄总有效容积2090m³，见表8-1。

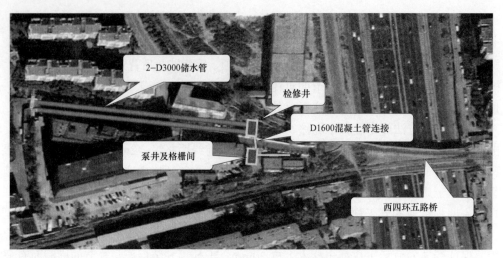

图 8-1 某桥区积水治理工程平面位置示意图

表 8-1

	部位	工程量	长×宽×高/m	备注
调蓄池建设	检修井	桩基 36 根	DN1000 桩长 15.7m	
		70.2m²	10.8×6.5×13.5	
	泵井及格栅间	桩基 30 根	DN1000 桩长 15.7m	
		62.5m²	12.5×5.0×9.7	
	蓄水池	148×2m	2-D3000×148	

（2）改造五路桥立交桥区低水收集系统，雨水口由 80 个增至 156 个。并在雨水口设置杂物拦截措施。修建管道长度 166.4m，管径 DN500～DN700mm。桥区外高水系统增加雨水口 96 座，见表 8-2。

表 8-2

序号	工程内容	工程量	备注	序号	工程内容	工程量	备注
1	DN500 雨水管	110.8m		4	8 篦雨水口	12 座	
2	DN600 雨水管	19.4m		5	16 篦雨水口	4 座	
3	DN700 雨水管	36.2m		6	23 篦雨水口	4 座	

（3）新建泵站独立出水管，修建管道长度 577.5m，管径 DN1000～DN1600mm，见表 8-3。

表 8-3

序号	工程内容	工程量	备注	序号	工程内容	工程量	备注
1	现况 DN1550 加固	55.0m		4	DN1600JCCP 管	305m	
2	DN1000 钢管	103.6m		5	检查井	1 座	
3	DN1600PCCP 管	113.1m		6	出水口	1 座	

3. 水文地质

拟建场区现状地面以下 20.50m 深度范围内的底层划分为人工堆积层和第四世纪沉积层两大类，并根据各土层岩性及工程性质指标对各土层进行进一步划分为 5 个大层及其亚层，现分述如下：

表层为一般厚度 1.70～5.10m 的人工堆积之卵石素填土、碎石素填土①层及砂质粉土素填土、黏质粉土素填土①1 层。

人工堆积层以下为第四纪沉积的卵石、圆砾②层；卵石③层；黏质粉土、砂质粉土④层及粉砂④1层；卵石⑤层，如图8-2所示。

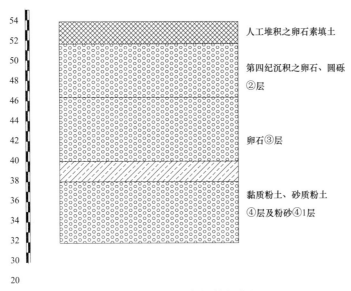

图8-2 场地典型地质剖面图

根据地勘报告，现场施工部位无地下水。

4. 特点及重点

（1）地质条件差。

该工程顶进部位位于砂卵石地层中。砂卵石层是一种结构松散、无胶结、成拱性、渗透性强、自稳能力低。此地层一经开挖，破坏了原有的相对稳定和平衡的状态。使开挖面失去约束而失稳，特别是大块卵石剥落会引起上覆地层的突然沉陷。现况土质情况：卵石直径一般都达20~40cm几乎没有成拱性。

解决方式：在顶管工作进行之前，为减少管线在顶进过程中产生的土体扰动，避免因扰动产生的大面积坍塌，需要对前方土体进行注浆加固，根据前期调查并整合所有有关数据进行分析，对此种土体最直接、有效的注浆方式为二重管无收缩WSS工法注浆工艺，注浆材料选用了水泥、水玻璃双浆液的固化材料。

（2）管径大。

根据设计要求本次工程顶管管径为DN3000，经过多方市场调查，本次工程采用一种新型JCCP钢承口管材，此新型管材是有钢制承插口、钢筒、钢筋骨架以及混凝土构成，单节长度为2.5m，单节管材自重已达24t。如此超大、超重的管材垂直运输是十分困难的。

解决方式：管材进入现场后，需要将管材放入预定的顶进管道上，由于现场上方狭小，无法架设超吨位龙门吊，经过综合考虑在工作竖井东侧假设一辆100t吨位吊车，以便能灵活、安全的将管材运至进轨道上。

（3）距离长。

本次管线为能达到规定的储水量，需要管线长度为150m，而管线上方为现况道路及五路居小区围墙，无法进行拆迁及交通导行，无法增加工作竖井。

解决方式：如此长距离的顶进，在无法加设工作竖井的前提下，最好的施工方法是加设中继间来达到传力的效果。

二、主要施工过程（主要介绍大直径顶管施工）

1. 总体施工工艺流程

测量放线→开挖工作坑→工作坑支护→工作平台搭设→导轨安装→后背制作→顶进设备安装→下

管→挖土→顶进→测量校对→接口→顶进→安装中继站→顶进→启用中继站→顶进→压浆。

先在工作坑内设置支架和安装液压千斤顶，把工具管放到事先安装好的导轨上，调整好工具管姿态，借助千斤顶把工具管顶入马头门处，紧随工具管下入第一节管道，边顶进，边开挖地层，下入第二节管道，此时将工具管与后置的2根管材进行连接，一般采用光圆钢筋连接，使其成为一个整体。施工时，先制作顶管工作井，作为一段顶管的起点，工作井中后背墙采用1m厚的混凝土墙，承压壁前侧安装有顶管的千斤顶和承压垫板（即钢后靠），施工完成一段管道。为进行较长距离的顶管施工，可在管道中间设置一至几个中继间作为接力顶进，并在管道外周压注润滑泥浆。顶管施工可用于直线管道，也可用于曲线等管道。

2. 工具管及中继间设计及加工

工具管在首节管的前端，主要控制顶进中的管材姿态。中继间是以后面的管材为后背，向前继续传送顶力，使前方的管材得以前进，然后进行收缩，后面管材跟进，周而复始的循环，满足施工要求。

（1）工具管设计。

根据现场土质情况及施工要求，该工程采用钢制带调向的工具管。由帽檐和推进两部分组合，总长为4.3m。工具管中部安装8台80t千斤顶（均布安装至上、下、左、右四处，每处2台），用以纠偏调节方向，如图8-3所示。

工具管的应用可以有效的防止管外壁超挖及由于砂卵石松散而产生的坍塌。利用千斤顶的不同组合及时纠正偏差，保证切土顶进过程中的质量要求及作业人员的安全。

（2）中继间设计。

中继间是经机械加工的内外套组合，通过中间的小千斤顶的伸动作，推动外套往前伸出，外套向前推动管节一段距离，又通过后部主顶推力顶进，使小千斤顶复位。在长距离顶进时，可分段减少主顶的压力，它可以与其他中继间和后座通过程序连动，一环接一环，自动切换，如图8-4所示。

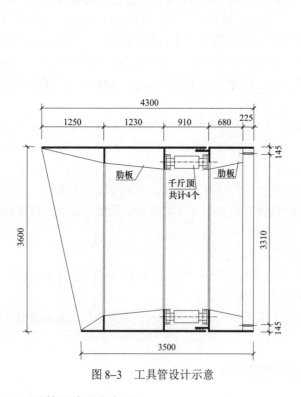

图8-3　工具管设计示意　　　　　图8-4　中继站设计示意

（3）工具管及中继间加工。

工具管及中继间均为钢板焊接制成，考虑到现场工作条件，同时对工具管及中继间加工存在较大难度。其加工图如图 8-5 所示。

图 8-5 工具管、中继站加工

3. 工作坑施工

顶管需开挖工作坑，进行顶管施工时，借助于主管线的机械顶管工作坑作为顶进坑，顶管前需施做工作坑，综合顶管机具的尺寸及作业要求，确定工作坑的净空尺寸。根据现场工况，考虑检修井基坑，工作井平面尺寸净长×净宽取为 14.5m×8.3m，满足顶管施工要求。

此部位基坑深度 11.3m，边坡支护采用排桩支护，设置二道钢管内支撑。

4. 顶管设备安装

顶管工作坑验收合格后，首先制后背墙，其次安装顶管设备。该工程根据顶力计算，并结合实际情况，采用工作顶力为 320t（每台）活塞式双作用液压千斤顶。千斤顶布置采用双排四层排列。顶进时着力点位置在管子全高的 1/5～1/4 之间。千斤顶与管子之间采用 U 形顶铁传送顶力。顶铁用钢板焊接，内部灌筑 C40 混凝土结构的传力形式。顶管设备安装如图 8-6 所示。

图 8-6 顶管设备安装

5. 管道顶进

人工挖土顶管法采取"先挖后顶，随挖随顶"的原则，如图 8-7 所示。

(a)　　　　　　　　　　　　　　　　　(b)

图 8-7 挖土施工

（a）小型顶土机挖土；（b）人工挖土

施工时，首先选择工作坑位置，开挖工作坑。然后按照设计管线的位置和坡度，在工作坑底修筑基础，基础上设置导轨，管子安放在导轨上顶进。顶进前，在管前端开挖一个深约 30～50cm、断面形状与所顶管道相似的坑道，然后用千斤顶将管道顶入，经多次开挖及顶进的循环。一节管顶进后，再连接下一节管子继续顶进，如图 8-8 所示。千斤顶支承于后背，后背支承于土后背墙或人工后背墙。

图 8-8　顶管施工图

管前挖土是控制管节顶进方向和高程，减少偏差的重要作业，是保证顶管质量的关键。顶进时要注意以下事项：

（1）关于管子周围超挖：该工程顶管段位于道路下，管子周围一律不得超挖，一定保持管壁与土基表面吻合。

（2）安装管帽：由于土层松散，为保证安全和便于挖土操作，在首节管前端要装管帽，帽檐伸入土长度为 0.2m。

（3）开始顶进时，应缓慢进行，待各接触面部位密合后再按正常速度顶进，顶进施工应连续顶进。顶进测量在首管顶进时测量间隔不应超过 30cm，正常顶进时测量间隔不应超过 1m。在测量过程中发现偏差应进行纠偏工作。顶进的混凝土管在接口时一定保证严密。

6. 中继站安装

在长距离顶进过程中，当顶进阻力超过容许总顶力时，无法一次达到顶进距离时，需设置中继间分段接力顶进。中继站做法如图 8-9 所示。

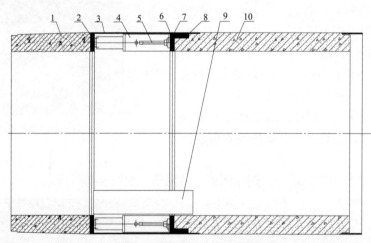

图 8-9　中继间结构示意图

1—前特殊管；2—前法兰；3—钢制中继间外壳；4—中继间油缸；5—中继间支油管；6—后法兰；
7—中继间总油管；8—中继间油缸密封圈；9—踏板；10—后特殊管

第一台中继间安放时机：当基坑主顶力达到最大设计值 50%时，需安放第一个中继间。当基坑主顶的实际顶力达到最大设计值的 60%时，需启用第一个中继间。

第二台以后的中继间安放时机：当基坑主顶力达到最大设计值 70%时，需安放中继间。当基坑主顶的实际顶力达到最大设计值的 80%时，需启用该中继间。

本顶管工程在顶进长度超过 35m 时加入第一个中继间，每隔 35m 左右加一个中继间，并采用触变泥浆注浆工艺。中继间由前壳体、千斤顶及后壳体组成。前壳体与前接管连接，后壳体与后接管连接，前后壳体间为承插式连接，两者间依靠橡胶止水带密封，防止管道外水土和浆液倒流入管道内。

每只中继间安装 28 个、每个顶力为 50t 的千斤顶，千斤顶沿圆周均匀布置。千斤顶的行程为 20cm，用扁钢制成的紧固件将其固定在前壳体上。钢壳体结构进行精加工，保证其在使用过程中不发生变形。中继间壳体外径与管节外径相同，可减少土体扰动、地面沉降和顶进阻力。

三、施工经验总结

1. 触变泥浆减阻顶进

为了减小顶进阻力，增大顶进力，并且为了防止出现塌方，顶管过程中，应采用在管壁与土壁的缝隙间注入触变泥浆，形成泥浆护套，减少管壁与土壁之间的摩擦力。

泥浆在输送和灌注过程中具有流动性、可泵性。主要从顶管前端进行，顶进一定跟班后，并应从后端及中间进行补浆。

2. 安装橡胶圈

为了防止钢筋混凝土在顶管中错口，有利于导向，顶进的前数节管中，在接口处安装橡胶圈，橡胶圈一定要对正接口缝隙，安装牢固，如图8-10所示。

图8-10　安装橡胶圈

第九章 箱涵顶进地下管廊施工

第一节 箱涵顶进地下管廊施工概述

一、施工原理与适用性

德国于 1957 年在奥芬堡市的铁路线下，用箱涵顶进技术施工了宽 2.5m、高 2.4m 的盒式钢筋混凝土人行通道，始为箱涵法的鼻祖，后来箱涵法在英国、美国等国家得到了进一步的应用和发展。日本自 20 世纪 70 年代以来，在箱涵顶进技术方面达到很高的水平，研发了多种施工工法。

我国最早采用箱涵顶进法的地下通道是 1966 年施工的天津东风路地道，后在国内陆续有了较多应用，并在设计和施工工艺上逐渐有所改进。1970 年上海首次修建新华路铁路下立交，1998 年南京玄武湖水底隧道穿越古城墙部分也采用了箱涵顶进工艺。2005 年上海中环线北虹路地道工程采用管幕-箱涵顶进施工技术建成。

目前，箱涵顶进分为四种技术：

1. 直接顶进施工技术

直接顶进施工技术是指采用与通道尺寸相近的矩形顶管机进行顶进施工，即每顶进一段距离后，安装一节管节，直到顶管机全部进入接收井，管节全部安装完。这是目前国内普遍使用的一种箱涵顶进施工方法，其施工速度比较快，但在浅覆土或特殊环境下，如果直接顶进箱涵往往会导致地面沉降过大，对周围环境影响有较大影响，因此在采用直接顶进施工法时，要求地面覆土不应过浅，而且对地面环境的保护难度较大，必要时需采取辅助施工措施以实现对周围环境的保护。

2. 管幕-箱涵顶进施工技术

管幕-箱涵顶进施工技术是指在已施工的管幕内顶进箱涵。它以单管顶进为基础，利用小型顶管机在拟建的地下通道四周依次顶入钢管，使各单管间依靠锁口在钢管侧面相接形成管排，锁口空隙可注入止水剂以达到止水要求，待管排顶进完成后即形成一圈用钢管组成的用以支撑外部载荷的结构层，即管幕，然后箱涵再在其管幕中间顶进，最终形成一个通道，如图 9-1 所示。

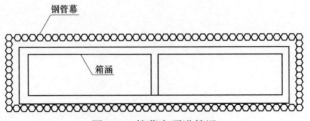

图 9-1 管幕内顶进箱涵

在管幕-箱涵顶进施工工法中，由管幕形成了相对刚性的临时挡土结构，可减少中间土体开挖时对邻近土体的扰动，达到维持上部建（构）筑物与管线正常使用功能的目的，类似于公路隧道中的超前支护的作用。管幕可为半圆形、圆形、门字形、口字形等，主要根据内部结构断面形状及土质而定。当箱涵断面较大时，采用管幕-箱涵顶进施工方法施工，则需要设计满足要求的大功率工具头进行土体开挖，需提供的反力也较大，比如上海中环线北虹路地道工程施工时布置了 80 个 2500 kN 主顶油缸，实际施工时最大反力达到 140 000kN，设备费用较高，而且对后靠座也提出了很高的要求，需要对后靠土体进行加固，这些都增加了建设成本。同时，由于管幕在箱涵顶进后不能拔出只能留在土体内，因此，浪费了大量材料及施工成本，如果土质不好，还需要对开挖土体进行加固等。所以虽然采用管幕–箱涵顶进施工方法能对周围环境起到保护作用，但此方法施工成本较高，需要综合考虑。

3. R&C 施工工法

在采用 R&C 施工工法施工中，在上部管幕的上表面设置减摩钢板将管幕与上部土体隔开，这样就可在减摩钢板下方移动箱形管幕与箱涵并将两者置换，施工后减摩钢板留在土体内，这样可有效减小箱涵掘进推力和防止设备及管节背土造成的地表沉降。采用 R&C 施工技术施工时，一方面箱形管幕可回收再用，可降低总施工费用；另一方面利用减摩钢板可以防止箱涵上部土体产生背土效应。但是如碰到地下有高水位的情况时，则必须采取措施加强地基，以防止渗水造成周边地基松垮、地基下陷，避免对地面设施及施工造成巨大影响。此时可采用注浆加固、降低地下水位等辅助施工措施。因此，在国内高水位地区采用此方法时，就需要针对性地采取措施。

4. 箱涵顶进双重置换工法

箱涵顶进双重置换工法是一种创新的施工工艺，它根据要设置的箱涵外包尺寸，直接采用全断面矩形管幕来支撑外部载荷。即施工时先采用顶管机将矩形管幕按一定顺序依次逐个顶进，该矩形管幕总的施工横截面与准备设置的箱涵外缘吻合并贯通施工区间全程，然后在矩形管幕后侧设置箱涵，再通过顶进箱涵，推动管幕，而后在接收井内逐节回收矩形管幕。采用箱涵顶进双重置换工法施工时，其管幕按不同的模数组合可适应不同尺寸的箱涵顶进施工；管幕模数化后，又可将施工设备小型化，从而降低对施工场地要求，实现在有地下室等特殊情况下的地下通道施工；利用减摩钢板还可以防止箱涵上部土体产生背土效应；由于在顶进管幕时，已将箱涵顶进断面上的土体基本全部挖除，已推进管幕完全填充了施工空间，所以在顶进箱涵时，基本上就是以顶进箱涵来置换管幕，不用开挖土体，省却了以往箱涵顶进时还要开挖箱涵前方土体的麻烦。因此，与传统的管幕法施工相比，新的箱涵顶进双重置换工法不需要推进箱涵时的切削装置，而且推进阻力减小，降低了对反力装置和推进装置的要求，因而大大减少了设备的投入费用；且由于矩形管幕可回收再用，因此又可减少施工费用，降低工程造价。当然，由于要待一根一根管幕施工完再施工箱涵，如果管幕数量过多的话，施工周期会较长，这对于有一定工期要求的工程就不宜采用。总之，在单纯进行箱涵顶进施工时，由于采用直接顶进施工方法施工，速度较快，但对周边环境影响较大；若采用管幕法施工，对周边环境影响小，但速度较慢，因此应根据周围环境情况、工期、成本等因素综合判断，选择合适的箱涵顶进施工方法。如当施工工期有要求、覆土较深时，可采用直接顶进施工方法；当覆土较浅、周围环境保护要求高时，可采用直接顶进施工方法加辅助施工措施；当施工场地有限、施工工期较充裕时，可采用箱涵顶进双重置换施工方法；当施工成本有限、施工工期较充裕时，可采用 R&C 施工技术或箱涵顶进双重置换工法。

二、施工方法概述

当新建道路必须从铁路、道路路基下通过时，对原有路线采取必要的加固措施后，可采取箱涵顶进施工技术。

（1）箱涵顶进的基本要求：箱涵顶进前应检查验收箱涵主体结构的混凝土强度、后背，应符合设计要求。应检查顶进设备并进行预顶试验。顶进作业应在地下水位降至基底以下 0.5～1.0m 后进行，并应避开雨期施工，若在雨期施工，必须做好防洪及防雨排水工作。顶进挖运土方应在列车运行间隙时间内进行。在开挖面应设专人监护。应按照侧刃脚坡度及规定的进尺由上往下开挖，侧刃脚进土应在 0.1m 以上。开挖面的坡度不得大于 1:0.75，并严禁逆坡挖土，不得超前挖土。严禁扰动基底土壤。挖土的进尺可根据土质确定，宜为 0.5m；当土质较差时，可按千斤顶的有效行程掘进，并随挖随顶防止路基塌方；

（2）箱涵顶进的测量与校正；

（3）测量工作：为了准确掌握箱涵顶进的方向和高程，应在箱涵的后方设置观测站，观测箱涵顶进时的中线和水平偏差。观测站应离后背稍远，以避免后背变形而影响观测仪器的稳定；

（4）顶进中调整水平与垂直误差的方法，常用的校正方法有下列几种：

1）加大刃脚阻力，避免箱涵低头；

2）在刃脚处适当超挖，调整抬头现象；

3）校正水平偏差的几种情况：必须在箱涵入土前，把正方向，以避免发生误差，箱涵顶出滑板后的方向，一般可用调整两侧顶力或增减侧刃脚阻力的办法进行校正；

4）预防为主，校正为辅。在顶进工作中，必须树立"预防为主、校正为辅"的思想，以便稳步前进。通常多将工作坑中的滑板留 1% 的仰坡，使箱涵顶出滑板时先有一个预留高度。为了防止低头，还可在箱涵前端底板下设"船头坡"。船头坡不应太陡，一般坡长 1m，坡率 5%，造成一个上坡的趋向，必要时也可垫混凝土板，使箱涵强制上坡。

三、施工工艺流程（图 9-2）

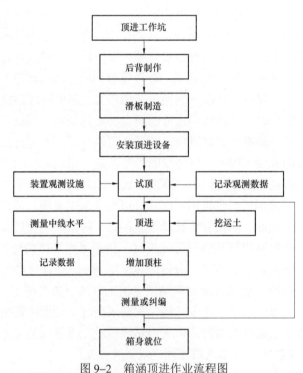

图 9-2　箱涵顶进作业流程图

第二节　某万吨箱涵全断面顶进施工实践

一、项目施工特点及重点

1. 项目概况

梅市口路全长 8.5km，规划线位位于莲花池西路南约 4.3km，京石高速公路北约 2.3km，如图 9-3 所示。该路为城市主干道，设计速度为 60km/h。设计标准断面为三上三下，全宽 50m。

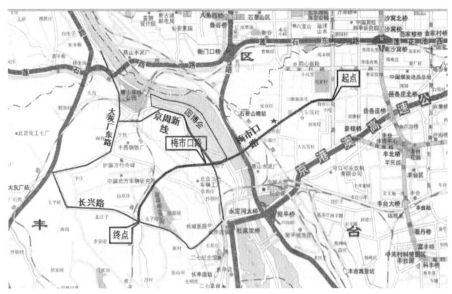

图 9-3　梅市口路位置示意图

工程分部示意图如图 9-4 所示，根据工程量分布情况，工程全线由东向西共分为 6 个分部（包括铁路箱涵分部），各分部组建项目管理团队。

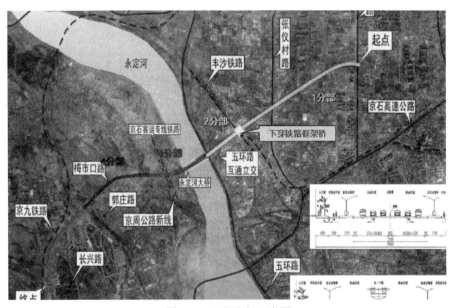

图 9-4　工程分部示意图

其中，下穿丰沙铁路框架桥工程桥址位于石景山南站南段咽喉区，既有铁路六条线路，电气化铁路，大致为南北走向，从西向东依次为 101 线、丰沙下行二线、丰沙下行线、丰沙上行线、丰沙上行二线、牵出线。均为直线区段以路基形式通过，填方高度为 1～2m；线路纵坡为石景山南站侧高，丰台侧低，坡度为 2‰～4‰。桥位附近共有六组单开道岔，其中 2 组 9 号道岔，5 组 12 组道岔。

框架桥宽度为 54.5m，长度 44.7m，投影面积为 2886m²，四孔 10.5-13-13-13m，底板厚 1.1m，顶板厚 0.9m，墙身厚度为 1.0m，总高 8.7m，净高 6.7m，混凝土浇筑量为 7123m³，桥体自重 18 375t，最大顶力 23 890t，顶程 82m。

2. 设计概况

本线路平面最小圆曲线半径 400m，最小缓和曲线长度 80m，最长直线长度 1923.3m。

（1）纵断面设计。

具体道路纵断设计控制点为：道路下穿丰沙铁路顶进箱涵内净空、上跨五环路处五环路净空、永定河 300 年一遇设计洪水位、永定河堤路设计高程、上跨小哑叭河及蟒牛河设计洪水位、M14 号线张郭庄站行人过街通道净空要求、梅市口路过 K6+600—K7+800 段山丘坡度坡长要求、匝道上跨丰沙铁路处净空、现状路相交处。桥下净空：高架路桥下净空≥5m；有困难路段，桥下净空＞4.5m。下穿丰沙铁路顶进箱涵内净空≥5.1m，丰沙铁路桥处匝道桥下净空≥6.55m。

（2）全线纵断设计。

本标段共设变坡点 5 个，最大纵坡 2.36%，最小纵坡 0.3%。最小坡长 175m，最小凹曲线半径 3000m，最小凸曲线半径 5000m，最小竖曲线长度 111.5m。

（3）下穿丰沙铁路顶进箱涵段。

全宽 57.2m，为单箱四室结构（13+13+13+13），其中中央分隔带宽 2.3m，单侧主路宽 11.75m，主路为三上三下。两侧分隔带宽 2.1m，单侧辅路宽 10m，人行步道宽 2.5m，主路辅路净空大于 5.1m。具体布置如图 9-5 所示。

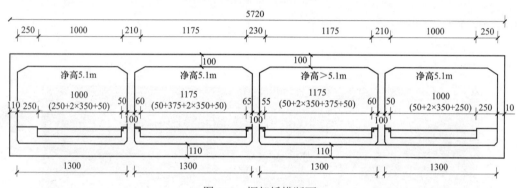

图 9-5　框架桥横断面

3. 水文地质

根据现场勘探、原位测试及室内土工试验成果，按地层沉积年代、成因类型，并按地层岩性及其物理力学性质，将拟建场区地层划分如下各层（勘察地层揭露最大深度为 55m）：

（1）人工堆积层（Qml）（该层底标高为 47.97～64.37m）。

粉土填土①1 层：褐黄色，松散～稍密，稍湿，含砾石、砖渣等；杂填土①1 层：杂色，松散～稍密，稍湿，含砖块、石子、砂、白灰、铁矿渣以及生活垃圾等；卵石填土①2 层：杂色，松散～稍密，稍湿，一般粒径 20～40mm，最大粒径不小于 120mm，大于 20mm 的颗粒含量占总质量的 65%左右，砖块、砂、土填充；中砂填土①2 层：褐黄色，松散～稍密，稍湿，含砾石、砖渣等。

（2）新近沉积层（Q4^{2+3}al+pl）。

粉土②层：褐黄色，稍密～中密，稍湿，含云母、氧化铁；粉细砂②3 层：褐黄色，中密，稍湿，含云母、氧化铁，夹砾石；圆砾卵石②5 层：杂色，稍密～中密，稍湿，一般粒径 15～35mm，最大粒径不小于 120mm，大于 2mm 颗粒含量占总质量的 75%，细中砂充填。该层分布不连续。

（3）第四纪晚更新世冲洪积层（Q3al+pl）该层层底标高为 45.79～52.87m。

卵石⑤层：杂色，密实，稍湿，低压缩性，一般粒径 20～40mm，最大粒径不小于 120mm，＞20mm 颗粒含量占总质量的 78%，中粗砂充填，局部夹中砂；中砂⑤1 层：褐黄色，密实，稍湿，含云母、氧化铁，夹砾石。

卵石⑦层：杂色，密实，稍湿，低压缩性，一般粒径 20～40mm，最大粒径不小于 200mm，大于 20mm 颗粒含量占总质量的 83%，中粗砂充填，局部夹粉质黏土层。中砂⑦1 层：褐黄色，密实，稍湿，含云母、氧化铁，夹砾石；粉质黏土⑦4 层：褐黄色，稍湿，可塑，含氧化铁。仅部分钻孔穿透。

卵石⑨层：杂色，稍湿～饱和，密实，低压缩性，一般粒径 20～40mm，最大粒径不小于 290mm，大于 20mm 颗粒含量占总质量的 86%，中粗砂充填。仅部分钻孔穿透。

（4）下第三纪长辛店组。

砾岩（13）层：杂色，密实，稍湿，强风化，弱胶结，砾石粒径一般 50～80mm，局部可达 300mm 以上，含石英、长石，夹泥岩。泥岩（13）1 层：棕红色，稍湿，坚硬，含砂岩碎屑、氧化铁等，具弱膨胀性。该层未穿透。

本次勘察钻孔最大深度为 55m，在勘察深度范围内观测了一层地下水，地下水类型为潜水（二）。

结合对线路内水井调查，潜水（二）水位埋深为 26.5m，水位标高为 38.71m，含水层为卵石⑨层，主要接受大气降水、上层越流及侧向径流的补给，以侧向径流和越流补给下一层地下水的方式排泄。

4. 特点及重点

（1）工程体量大，施工任务重。路基挖填方工程量很大，路基挖方总量约为 116 万 m³，填方总量约为 65 万 m³。钢筋及混凝土量很大，钢筋总量约为 35 000t，混凝土总量约为 20 多万 m³。桥梁数量众多，全线桥梁共计 20 座。

（2）桥梁结构形式多样，施工工艺复杂。其中跨五环路主线桥为钢混叠合梁桥。跨永定河桥为变跨径板拱桥，跨径从 70m 渐变到 35m。匝道桥为钢筋混凝土连续箱梁桥和钢箱梁桥。跨线桥为预应力混凝土 T 梁或现浇箱梁结构。

（3）主线跨永定河，施工要经过一个汛期，对防汛措施要求高。如何采取措施，降低雨季对施工的影响，也是该工程能够顺利完成的关键。

二、主要施工过程

本节主要介绍下穿丰沙铁路框架桥工程施工过程。

箱涵顶进施工内容主要包括箱涵预制（图 9–6、图 9–7）、线路加固、桥体顶进（图 9–8、图 9–9）和线路恢复（图 9–10）等。

该工程线路加固分为 1 区、2 区，慢行点开始后进行 1 区加固，期间框架桥空顶 25m 至距离牵出线中心 10m，1 区加固完成后继续顶进 21m，刃角前端位于丰沙上行线与丰沙上行二线之间，期间进行 2 区加固，2 区加固完成后继续顶进 36m，顶进就位。

顶进就位后立即进行加固体系的拆除、恢复线路。

图 9–6　箱涵预制完成

图 9–7　箱涵自重 18 375t，最大顶力 23 890t，顶程 82m

图 9-8　桥体顶进

图 9-9　顶进就位

图 9-10　铁路箱涵线间回填恢复完成

施工总体进度计划见表 9-1。

表 9-1　　　　　　　　　　　　施 工 总 体 进 度 计 划

标段	施工桩号	施工项目	持续时间
第一施工区段	K0+000～K2+970	施工准备	10 天
		雨水工程	70 天
		路基工程	100 天
		路面基层工程	120 天
		路面底、中面层工程	30 天
		道路附属工程	100 天
第二施工区段	K2+970～K4+370	施工准备	10 天
		五环立交跨五环钢拱桥	200 天
		五环立交跨永定河板拱桥	200 天
		五环立交东引桥	185 天
		五环立交辅路系统跨线桥	130 天
		五环立交 A 匝道桥	135 天
		五环立交 B 匝道桥	135 天
		五环立交 C 匝道桥	135 天

标段	施工桩号	施工项目	持续时间
第二施工区段	K2+970～K4+370	五环立交 D 匝道桥	135 天
		五环立交 E 匝道桥	135 天
		五环立交 F 匝道桥	135 天
		五环立交 G 匝道桥	135 天
		五环立交 H 匝道桥	135 天
		五环立交 I 匝道桥	135 天
		五环立交南侧天桥	135 天
		五环立交北侧天桥	135 天
		五环路通道加宽桥	130 天
		路基工程	90 天
		路面基层工程	45 天
		路面底、中面层工程	30 天
		道路附属工程	110 天
第三施工区段	K4+370～K8+453.767	施工准备	10 天
		雨水工程	110 天
		路基工程	120 天
		路面基层工程	75 天
		路面底、中面层工程	15 天
		道路附属工程	95 天
		小哑叭河桥	90 天
		蟒牛河桥	90 天
		崔村一号路桥	110 天
		崔村二号路桥	110 天
		特种车试验路上跨桥	130 天
	主线路面表面层		10 天
专业分包工程		过铁路顶进箱涵	170 天
		雨水泵站	110 天
		永定河河道护砌	120 天
		永定河左堤恢复工程施工	120 天
		照明工程	70 天
		环保工程	70 天
		交通工程	70 天
		绿化工程	70 天

三、重点施工节点总结

本节主要介绍箱涵顶进工程施工，顶进顺序如下。

开油泵千斤顶作业→油泵回油→接换顶铁→开油泵千斤顶作业→箱身开始启动。在完成以上步骤后，箱身前端开始接触路基，按以下顺序作业：开油泵千斤顶作业→箱身前移→挖土→装土→运土→油泵回油收镐→箱身停进→接换顶铁→油泵工作→箱身移动→下一循环。

1. 顶进注意事项

（1）涵身前端一旦入土应加快施工，实行三班倒连续作业，保持箱身不断顶进，如由于某种原因迫使暂时停止箱身顶进时，也应间续地顶动箱身，以防止箱身阻力增大。每班交接前，应系统检查各种设备一次，确保设备状态良好，掌握箱身当时的方向及高程状况后，才能开始操作继续顶进。在顶进过程中，要始终做好记录。

（2）不准在列车通过时顶进，顶柱及后背不得站人，以防顶柱弓起崩出或后背意外伤人。

（3）当顶进时发现线路横移变形，应立即停止纠正，并加强养护。

2. 桥涵顶进允许误差

（1）中线不得大于 20cm。

（2）高程误差不得大于顶程的 1%，但偏高不得超过 15cm，偏低不得超过 20cm。

3. 挖土

箱内全断面开挖，每次进尺≤0.5m，开挖面坡度 1:0.5～0.8，箱底土面应高出 10cm，当遇风化岩时，采用风镐凿除，基底超挖 1～2cm，铺填细碎石。两侧边不得超挖。

人工挖土，配合机械出土。挖出土是顶进速度的关键，必须配备并组织好足够的劳动力。在施工中，如果发生塌方，影响行车安全应立即组织抢修加固。

挖土工作应与观察人员紧密配合，随时根据箱身顶进的偏差情况改进挖土方法。

开挖时必须做到五不挖土：

（1）列车通过时不挖土，避免列车通过时震动大，造成塌方。挖土人员应离开开挖面 1m 以外；

（2）机械设备发生故障时不挖土；

（3）较长时间不顶进时不挖土；

（4）交接班前不挖土；

（5）雨天不得挖土。

4. 安放千斤顶、顶铁

（1）千斤顶布置在框架涵底板两边墙倒角处，锐角倒角处布置 4 台千斤顶，钝角倒角处布置 3 台千斤顶，顶力轴向与涵轴线一致。

（2）安放顶铁或顶柱必须保持与顶桥轴线顺直一致，与横梁垂直，每行顶铁要与千斤顶成一直线，各行长度应力求一致，如图 9-11、图 9-12 所示。

（3）每隔 4m 顶柱设置一道横梁，使传力均匀及横向稳定。

（4）为了保证顶铁的受压稳定，在顶柱与横间用螺栓连接牢固。

图 9-11　千斤顶安装　　　　　　　　　　　　图 9-12　顶进设备布置

5. 顶进过程中的线路保养

（1）为保证线路水平，在横抬梁与枕木间应保留一定的调整余量，用 1～5cm 厚木板垫塞。钢轨底部分用"串袖"木楔打紧。

（2）要随时上紧松动的 U 形螺栓，加强对线路的观察，发现异状及时整修。

（3）配足起道机防止线路方向不良时，及时松动吊轨螺栓，用起道机拨道。

6. 测量工作

在顶进过程中，箱身每前进一顶程，即应对箱身的轴线和高程进行观测。并要详细做好记录，如发现偏差应及时通知顶进指挥人员采取措施，纠正偏差。

7. 顶进过程中的箱身纠偏

（1）箱身方向左右偏差调整的方法：

1）用增减一侧千斤顶的顶力；即开或关一侧千斤顶阀门，增加或减少千斤顶顶力数。如向左偏，即关闭减少右侧千斤顶，如向右偏则反之。

2）用轮流开动两边高压油泵调整；如向左偏就开左侧高压油泵，向右偏就开右侧高压油泵。

3）用后背顶铁（柱）调整；在加换顶铁时，可根据偏差的大小，将一侧顶铁楔紧，另一侧顶铁楔松或留 1～3cm 的间隙。如箱身前端向右偏，则将右侧顶铁楔紧，左侧顶铁预留间隙，开泵后，则右侧先受力顶进，左侧不动。调整时应摸索掌握规律性，并注意箱身受力不均时产生的变化状况。

4）前端左右两侧刃脚前，可在一侧超挖，另一侧少挖土或不挖来调整方向。如箱身前端向右偏，即在右侧刃脚前超挖 20～50cm，左侧保持刃脚吃土±20cm，由于顶进中的两侧刃脚阻力增减差别而达到纠偏的目的。

5）在箱身前端加横向支撑来调整；支撑一端支在箱身边墙上，另一端支在开挖面上，顶进时迫使其向被顶一侧调整。

（2）纠正箱身"抬头"方法。

1）检查底刃脚安装是否向上翘起过大，侧刃脚是否向里翘的过大，可以适当调整刃脚的角度，来纠正箱身"抬头"现象。

2）两侧挖土不够宽，易造成箱身"抬头"，故可在两侧适当多挖。

3）箱身"抬头"量不大，可把开挖面挖到与箱底面平。如"抬头"量较大，则在底刃脚前超挖 20～30cm，宽度与箱身相同，同时使上刃脚不吃土，在顶进中逐步调整，在未达到设计高程时，便应酌情停止超挖以免又造成箱身"扎头"。

（3）纠正箱身"扎头"的方法。

1）适当增加抬头力矩，即增加上刃脚的阻力，使上刃脚和中刃脚多吃土，侧刃脚稍加吃土量，底刃脚前不得超挖，逐步顶进调整。

2）吃土顶进；挖土时，开挖面基底保持在箱身底面以上 8～10cm，利用船头坡将高出部分土壤压入箱底，纠正"扎头"。

3）调整刃脚角度，边刃脚应增加向里翘的角度，底刃脚应增加向上翘的角度。

4）如基底土壤松软时，可换铺 20～30cm 厚的卵石、碎石、混凝土碎块，或混凝土板、灌筑速凝混凝土、打入短木桩、挖孔灌筑白灰柱桩、砂桩等方法加固地基，增加承载力，借以纠正"扎头"。

8. 线路恢复

（1）箱体顶进就位后，应尽快恢复线路达标，解除慢行，如图 9-13 所示。

（2）恢复线路应在确保行车安全条件下进行。

（3）在拆除加固设施前，应按需要备足道碴、上碴工具，并安排好抽出横抬梁的作业程序，横梁每 3 根拆 1 根并及时补充道碴捣固密实。

（4）全部拆除完毕后，按线路维修标准达标。恢复线路正常运行。

图 9-13 线路恢复

四、项目经验总结

1. 顶进后背体系设计

该工程的后背区域内的土质为杂填土，较松散，承载力差，采用人工挖孔桩与后背受力范围内土体注浆固化相结合的方式加强顶推后背支撑体系，满足框架桥顶进顶力要求。

2. 顶进减阻措施

框架桥底板位于卵石土层上，地基承载力可达 600kPa，为减阻及保护底板混凝土，该工程在浇筑底板时预留孔洞，顶进时采用触变泥浆对底板下卵石土层进行处理，进而达到降低顶进阻力及保护框架桥底板的效果。

第十章　大直径盾构地下管廊施工

第一节　大直径盾构地下管廊施工概述

1. 盾构施工基本原理

盾构掘进机（简称盾构机）是地面下暗挖施工隧道的专用工程机械，具有一个既能支承地层压力，又能在地层中推进的钢筒结构（盾壳）；钢筒的前面设置各种支撑和挖土装置，中段周圈内安装顶进千斤顶，尾部可安置数环隧道衬砌。

盾构施工时先在隧道的一端建造竖井或基坑，以供盾构安装就位。盾构从竖井或基坑的墙壁预留孔处出发，在地层中沿着设计轴线，向另一竖井或基坑的设计预留孔洞推进。盾构推进中所受到的地层阻力，通过盾构千斤顶传至盾构尾部已拼装的预制衬砌、再传到竖井或基坑的后靠壁上。

盾构每推进一环距离，就在盾尾支护下拼装一环衬砌，并及时向盾尾后面的衬砌环外周的空隙中压注浆体，以防止隧道及地面下沉，在盾构推进过程中不断从开挖面排出适量的土方。

盾构施工法与矿山法相比具有的特点是地层掘进、出土运输、衬砌拼装、接缝防水和盾尾间隙注浆充填等主要作业都在盾构保护下进行，工艺技术要求高、安全性强、综合性强。

2. 盾构机分类

盾构机根据其适用的土质及工作方式的不同主要分为压缩空气式、泥水式、土压平衡式地铁盾构机等不同类型，如图10-1所示。

泥水式盾构机是通过加压泥水或泥浆（通常为膨润土悬浮液）来稳定开挖面，其刀盘后面有一个密封隔板，与开挖面之间形成泥水室，里面充满了泥浆，开挖土料与泥浆混合物由泥浆泵输送到洞外分离厂，经分离后泥浆重复使用。

土压平衡式盾构机是把土料（必要时添加泡沫等对土壤进行改良）作为稳定开挖面的介质，刀盘后隔板与开挖面之间形成泥土室，刀盘旋转开挖使泥土料增加，再由螺旋输料器旋转将料运出，泥土室内土压可由刀盘旋转开挖速度和螺旋输出料器出土量（旋转速度）进行调节。

3. 盾构技术的新发展

现代盾构掘进机集液压、机电控制、测控、计算机、材料等各类技术于一体，属于技术密集型产品，其生产主要集中在日本、德国、英国、美国、加拿大等少数发达国家，其中又以德国、美国、日本技术最为先进。目前，在欧美等工业发达国家使用盾构机进行施工的城市隧道占90%以上。盾构技术发展的主流大致从以下两个方面延伸：

（1）日本注重开发不同几何形状的盾构技术。

近十多年来日本不仅科技水平在世界上处于领先地位，而且城市的地下空间利用率已经达到相当高的程度，如何在有限的地下空间中建造更多的隧道已经摆到了日本地下工程工作者的议事日程上。此外，地面建筑物的高度拥挤又迫使日本人构想诸如竖井隧道一体化的施工模式，从而使日本人研究出了各种类型的盾构。

图 10-1　各种类型的盾构机

（2）欧洲诸国（特别是德国）致力于研究能适合不同地层的多功能盾构技术（Combined Shields）。欧洲幅员辽阔，地层条件复杂多变，于是就产生了各种各样的多功能盾构。

适用范围及应用前景。

直径 6.2m 左右盾构机市场保有量大，主要应用于地铁隧道施工，在北京南水北调工程中盾构隧道采用地铁盾构隧道同直径盾构机施工。盾构机使用范围从城市轨道交通向市政地下管道发展，包括污水管道、电力管道、上下水、煤气燃气管道、城市共同沟等。

中国盾构机行业市场前景广阔，中国已有 33 个城市如愿迈入轨道交通时代。据公开资料统计，中国尚在规划城市轨道交通的城市至少有 22 个。据预测，2020 年，我国将有 36 个城市拥有地铁，城市轨道交通累计营业里程达到 11 042km。

而面对广大的市场应用前景，盾构机国产化替代进口是未来的目标和主要任务，这给国内盾构机械行业带来了一块巨大的蛋糕。

第二节　某电力隧道施工实践

一、项目施工特点及重点

1. 项目概况

该工程新建电力隧道 L3 线起点与八昆、八蓝四回线路入地（五路车站）工程在建电缆隧道连接，沿规划定慧寺东路东红线以西 5m 向北至杏石口北侧，与拟建西北热电中心—远大送出工程电缆隧道连接。采用 2.6m×5.1m 暗挖双孔隧道和 ϕ5.4m 盾构隧道。其所在位置如图 10–2 所示。

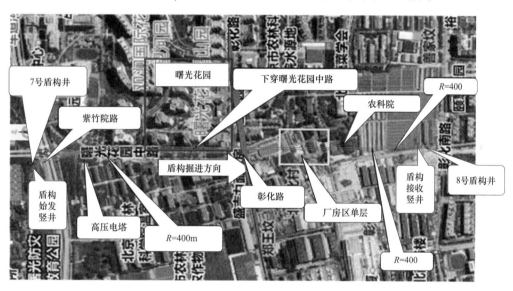

图 10–2　某电力隧道工程地理位置示意图

2. 特点与重点

（1）施工场地狭小。

南、东两侧紧邻市政道路，北侧紧贴网球场，西侧与西北热电–远大 220kV 输电工程第三标段互邻。占地面积 4000m²，场地小且场地布置具有动态性，因此如何合理规划好前期竖井、暗挖作业施工时场地布置及后期盾构施工时场地布置，是该工程的一个施工重点及难点。

（2）盾构穿越较多。

盾构隧道地上穿越紫竹院路、曙光花园中路、多处房屋，地下穿越多条雨污水、供水、燃气、热力、电力等管线，存在风险源较多，因此道路、房屋建筑、管线等沉降变形控制，为该工程施工另一重点、难点。

二、主要施工流程

项目总体施工流程及进度计划见表 10–1。

表 10-1   项目总体施工流程及进度计划

序号	施工阶段名称	工期/天	施工具体内容	工期/天
1	施工准备	16	临设搭建、施工准备、管线调查	16
2	盾构始发井施工	70	围护桩施工	11
			凿桩头	3
			圈（冠）梁	4
			土方开挖（含锚喷、内支撑）	26
			竖井二衬结构施工	26
3	接收井施工	57	围护桩	10
			圈（冠）梁	4
			土方开挖（含锚喷、内支撑）	16
			竖井二衬结构施工	18
4	30m 直线段暗挖隧道施工（为盾构始发提供条件）	15	—	—
5	50m 隧道暗挖施工（两个始发井端）	35	—	—
6	盾构隧道施工	137	盾构始发场地布置、端头加固	20
			盾构下井组装、调试	9
			始发洞门破除	5
			始发段推进（100m）	10
			盾构机后配套二次转接	7
			盾构正常掘进段（918m）	60
			盾构接收段（30m）掘进	6
			接收设施安装	6
			盾构接收井洞门破除	5
			盾构机解体吊出	5
7	69m 隧道段施工	37	—	—
8	盾构隧道中隔板及支架安装	41	—	—
9	竣工验收及场地恢复	6	—	—

三、重点施工节点

此处主要介绍盾构隧道施工。

盾构机井下作业如图 10-3 所示。

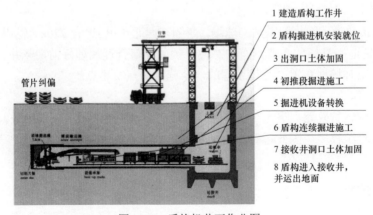

图 10-3   盾构机井下作业图

1. 盾构管片工程

该工程采用了通用环作为管片衬砌，管片外径 6000mm，内径 5400mm，每环管片长度 1200mm，管片采用"3A+2B+1C（楔块）"通缝拼装，管片接缝采用橡胶止水条防水。通用环管片的特点是：只采用一个类型的楔形管片环，盾构隧道在曲线上是以相邻两管片旋转一定角度来拟合出光滑曲线。其施工图片如图 10-4～图 10-13 所示。

图 10-4　管片钢筋加工

图 10-5　管片钢筋骨架绑扎

图 10-6　管片钢筋骨架加工成型

图 10-7　管片钢筋骨架验收

图 10-8　管片混凝土浇筑

图 10-9　管片混凝土人工抹面

图 10-10　管片蒸汽养护

图 10-11　管片转运

图 10-12　成品管片堆放

图 10-13　管片试拼装

（1）管片拼装位置确定。

通用环管片在使用时必须预先根据盾构机的位置、上环管片端面的平面位置及盾尾间隙大小选定管片类型及封顶块位置，管片的拼装主要有以下两种依据，在管片拼装分析时要综合分析确定，缺一不可。

1）盾构千斤顶与铰接千斤顶的行程差。

管片拼装的总原则是拼装的管片与盾尾的构造方向应尽量保持一致。对铰接的盾构而言，管片拼装后千斤顶的行程差最好为铰接千斤顶的行程差。

2）管片拼装前后管片外表面与盾壳内面的间隙。

在盾构机尾部设有三道密封刷，用于保证在施工过程中不会有水土进入隧道，在盾构机掘进的同时，将向密封刷补充油脂，确保盾构机密封性能，在密封刷前端设有保护块用于保护密封刷不受损害，如果盾尾间隙过小，在管片脱出盾尾时，将产生较大变形，影响成型隧道的质量；同时，过小的盾尾间隙也将直接损坏盾构机的密封刷。

（2）管片拼装施工要求。

如图 10-14 所示，为保证管片拼装质量及施工进度，施工时必严格按照如下要求进行管片拼装的施工：

1）为加快拼装施工速度，必须保证管片在掘进施工完成前 10min 进入拼装区，以便为下一步施工做好准备；另外，为保证管片在掘进过程中不被泥土污染，也不宜提前将管片备好。

2）在拼装过程中要清除盾尾拼装部位的垃圾，同时必须注意管片定位的正确，尤其是第一块管片的定位会影响整环管片拼装质量及与盾构的相对位置，尽量做到对称。

3）管片拼装要严格控制好环面的平整度及拼装环的椭圆度。

4）每块管片拼装完后，要及时靠拢千斤顶，以防盾构后退及管片移位，在每环衬砌拼装结束后及时拧紧连接衬砌的纵、环向螺栓，在该衬砌脱出盾尾后，应再次拧紧纵、环向螺栓。

5）封顶块防水密封垫应在拼装前涂润滑剂，以减少插入时密封垫间的摩阻力，限制插入时橡胶条的延伸。

6）在管片拼装的过程中如果需要调整管片之间的位置，不能在管片轴向受力时进行调整，以防止损坏防水橡胶条。

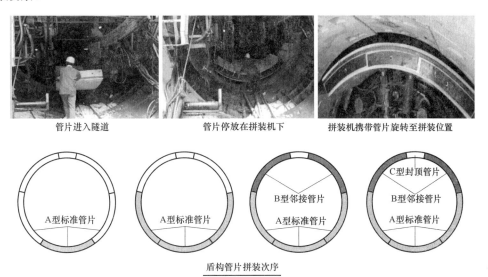

管片进入隧道　　　　　　　管片停放在拼装机下　　　　拼装机携带管片旋转至拼装位置

C型封顶管片
B型邻接管片
A型标准管片

B型邻接管片
A型标准管片

A型标准管片

A型标准管片

盾构管片拼装次序

底部A型管片→左右两侧交替安装A型管片→B型邻接管片→C型封顶管片

图 10-14　盾构管片拼装次序

2. 盾构始发

（1）方案。

1）始发方式。始发时盾构的后配套台车放置在地面，盾构与后配套台车使用临时管线连接。临时管线长 130m，下井后悬吊于隧道内设置的管线悬吊架上，跟随主机推进而向前滑移，如图 10-15 所示。

2）始发推进路径。为将盾构推进始终控制在合理的误差范围内，盾构始发时中心路径沿隧道设计中心线推进，调整各项参数直至符合正常推进要求。

3）运输系统。盾构始发阶段，管片、碴土及辅助材料的垂直运输均通过盾构工作井预留口，采用 15t 龙门吊运输。

（2）施工。

1）盾构机在导轨上推进时，对脱出盾尾的管片，应及时用预制的木楔垫实其与导轨之间的空隙。

2）始发施工初始由于掌子面与盾构刀盘面有一定夹角，有局部断面不相密贴，必须缓慢推进，以防止后面临时管片因不均匀受压而损坏。同时为防止盾构始发时出现低头现象，安装基座时适当将基座上抬 10mm，并合理使用下半部千斤顶，在施工中根据土质情况将盾构机适当抬头。

3）盾尾即将进入土体前时，要及时将洞门密封与管片之间的空隙填充压浆。

4）继续向前掘进，拼装管片，管片及渣土的运输方式与上述相同。

图 10-15　反力架、负环安装盾构机始发

3. 盾构正常掘进

盾构施工是以掘进、渣土排运、管片衬砌为基础进行的。盾构施工的控制是指盾构掘进过程中各项

参数设定、掘进线形、注浆、管片拼装及地表沉降这几方面的控制。为强化盾构施工的管理，需严格按照盾构施工的特点组织施工。

（1）盾构掘进施工参数控制。

盾构机掘进过程中的各项参数设定有相应的理论依据，同时应当根据各种参数的使用效果及地质条件变化在适当的范围内进行调整、优化，掘进要控制的参数有土压力、添加剂使用量、出土量、推进速度、刀盘扭矩。

1）土压力设定。土压平衡盾构机是利用盾构机刀盘切削开挖面土体进入土仓建立土压来保证开挖面稳定，控制地表沉降。土压力设定值高低将直接影响盾构掘进时的开挖面稳定，土压力的设定必须保证以下两个原则：

① 土压力必须高于理论计算值；

② 土压力的设定值应根据实际应用效果不断优化。

因此，施工过程中土压力设定必须满足如下公式：

$$p_{土仓} = p_{静土} + p_{水压} + a$$

在施工过程中，根据地表沉降的反馈信息，对 a 值的大小进行设定，依据经验 a 取定为 $0.02 \sim 0.04$ MPa。

土压力设定应依据掘进的时期，进行相应调整，在盾构始发时 a 应取最大值，减小盾构始发造成的地表沉降。

2）添加剂。在盾构施工中，添加剂的作用是：

① 减小旋转输送机的扭矩，降低刀盘温度；

② 有渗透性，增强土体气密性，保证开挖面稳定；

③ 与土体拌和均匀，增强土体可排性。

3）出土量。该工程使用的管片外径为 6000mm，环宽为 1200mm。盾构机刀盘直径为 6170mm。

每环出土量直接反映了盾构机在掘进施工过程中的超挖情况，当超挖较多时，会使出土量骤增。在掘进过程中，必须严格控制每环的出土量，并做好记录。

4）推进速度。推进速度是盾构掘进的一项重要参数，应当依据不同的地层选定不同的推进速度，决定因素如下：

① 盾构机性能；

② 地层的情况；

③ 同步注浆系统性能；

④ 地表沉降的反馈信息。

盾构机的推进速度与盾构机的机械性能有关，盾构机在设计时将限定盾构的推进速度；同性能的盾构机，在不同的地层推进速度也不同，在该工程中，地层均一性能较好，受地层影响较小；为减小地表沉降，必须保证注浆与推进同步进行，因此注浆系统的性能也制约推进速度；地表沉降的监测是检验盾构机各项参数设定值是否合理的有效途径。推进速度大小必须根据地表监测结果进行调节、优化。

依据此区间的工程地质情况，应将推进速度设定为 20～50mm/min，这样的速度设定既能保证同步注浆的效果，又能尽量减小盾构掘进引起的地层扰动，最大限度地减小地表沉降。

5）刀盘扭矩。

刀盘扭矩是一个被动参数，其大小与地层和盾构机性能联系十分紧密。影响刀盘扭矩的直接原因有两种，一种是地层变化，另一种是盾构机机械性能。另外，添加剂使用不正常时，刀盘扭矩也会变大，所以应有专人负责检查添加剂的工作是否正常。

盾构机的刀具状况是影响刀盘扭矩的又一个因素，可能因刀具的磨损，导致刀盘扭矩不断增大，当刀具的磨损到达一定程度后，需进行刀具更换，以保证盾构机在正常状态下工作。

（2）盾构掘进轴线控制。

该工程盾构隧道最小曲线半径为 400m，为保证隧道轴线的方向，必须建立一套严密的人工测量和自动测量控制系统，严格控制测量的精度，合理布设洞内的测量控制点和导线，根据工程中的实际情况合理控制测量和复核的频率。

盾构掘进施工过程中的轴线控制是整个盾构施工过程中的一个关键的环节，盾构在施工中大多数情况下不是沿着设计轴线掘进，而是在设计轴线的上、下、左、右方向上摆动，偏离设计轴线的差值必须要满足相关规范的要求，因此在盾构掘进中要采取一定的控制程序来控制隧道轴线的偏离。

在掘进过程中关键是要严格控制千斤顶的行程、油压和油量，根据最新的测量结果调整盾构机及管片的位置和姿态，按"勤纠偏、小纠偏"的原则，通过严格的计算合理选择和控制各千斤顶的行程量，从而使盾构和隧道轴线沿设计轴线在允许偏差范围内平缓推进。切不可纠偏幅度过大，以控制隧道平面与高程偏差而引起的隧道轴线折角变化不超过 0.4%。

（3）盾构到达段掘进及盾构机接收施工。

1）盾构接收前盾构姿态和线形测量。

盾构机接收前 50m 地段即加强盾构姿态和隧道线形测量，及时纠正偏差确保盾构顺利地从到达口进入竖井。盾构机进站时其切口平面偏差允许值：平面≤±50mm，高程≤±20mm，盾构坡度比设计坡度略大 0.2%。到站所有测量数据须报测量监理单位复核验正。

2）盾构到达段掘进。

盾构机进入到达段后，应减小推力、降低推进速度和刀盘转速，控制出土量并时刻监视土仓压力值，土压的设定值应逐渐减小到 0MPa，避免较大的推力影响洞门范围内土体的稳定。

3）盾构机接收。

① 盾构机到达接收井前一个月，端头土体加固及基座安装完毕。

② 盾构机进入加固体并刀盘中心刀刀尖距围护桩 0.3m 时，停止盾构推进，安排凿除围护桩，割除洞口范围内钢筋并清净杂物。

③ 安装洞口密封装置，焊接导轨。

④ 继续推进，拼装管片，盾构机进入接收架，密封装置锁紧管片并及时进行回填注浆。

四、项目施工经验总结

1. 使用盾构工法的适要条件

在松软含水地层，或地下线路等设施埋深达到 10m 或更深时，可以采用盾构法。

（1）线位上允许建造用于盾构进出洞和出渣进料的工作井；

（2）隧道要有足够的埋深，覆土深度应不小于 6m 且不小于盾构直径；

（3）相对均质的地质条件；

（4）如果是单洞则要有足够的线间距，洞与洞及洞与其他建（构）筑物之间所夹土（岩）体加固处理的最小厚度为水平方向 1.0m，竖直方向 1.5m；

（5）从经济角度讲，连续的施工长度不小于 300m。

2. 盾构机停机采取措施

施工期间盾构机因为各种原因需要停止施工，为控制停机期间的地表沉降，必须采取一定的措施：

在盾构机停机前，为加强开挖面的气密性，减少因土舱内漏气而造成的土压力降低，必需对开挖面进行改良处理。在停机前半环至 1 环时不得使用泡沫，必须全部加注膨润土浆液。为提高掘进时的土压，使膨润土浆液能较深地渗入地层中，在开挖面形成一层比较厚的优质泥皮，进而提高开挖面的稳定性，改善开挖面的密封性。同时停机前所建立的土压应比正常工作时高 0.05MPa。

另外，为保证壁后注浆充填密实，在最后一环施工时必须保证注浆用量，在推进完成后，应维持注浆压力在设定压力 5h 以上，才能确保注浆有效。

第三节　某配水管线干渠施工实践

一、项目施工特点及重点

1. 项目概况

东干渠工程是北京市南水北调配套工程的重要组成部分，是实现外调水（南水北调来水）、本市地表水（密云水库）、地下水联合调度的必要条件，是保证北京市中心城和新城主要水厂具备双水源供水的重要条件，对于保障首都的供水安全和支撑其可持续发展具有重要意义。

东干渠工程位于北京市东部朝阳区及大兴区境内如图 10-16 所示。工程分为东干渠输水隧洞工程以及亦庄调节池工程两大部分。东干渠输水隧洞起点位于团城湖至第九水厂输水工程末端（关西庄泵站北）预留分水口，沿北五环向东，至广顺桥向南折向东五环，其后沿东五环向南，至亦庄桥与五环路分离，其后穿越凉水河，沿凉水河南（右）岸至荣京西街向南至亦庄镇工程终点与南干渠工程相接，总长 44.7km。输水隧洞近期采用一条内径 4.6m 钢筋混凝土圆涵（双层衬砌结构）重力流输水，隧洞一衬全部采用盾构法施工，隧洞二衬全部为现浇钢筋混凝土。工程沿线布置有分水口、排气阀井、排空井、调压井、建设管理站等。

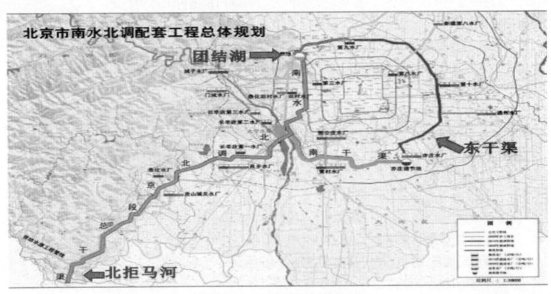

图 10-16　东干渠位置示意图

该工程为北京市南水北调配套工程东干渠工程（输水隧洞）施工第十三个标段（图 10-17），输水洞线桩号 40+817.22～44+722.04，全长 3904.82m。主要工程量包括：标段内的输水盾构隧洞和现浇隧洞、3 号盾构接收井（南干渠工程已建），18 号盾构两台双始发井，37～38 号二衬施工竖井，56～58 号排气阀井、亦庄水厂分水口、第五管理站房屋建筑工程、水机设备安装工程、电气设备采购及安装工程、自动化系统土建工程、防护工程、施工现场远程监控系统、永久安全监测工程、水土保持工程、环境保护工程。

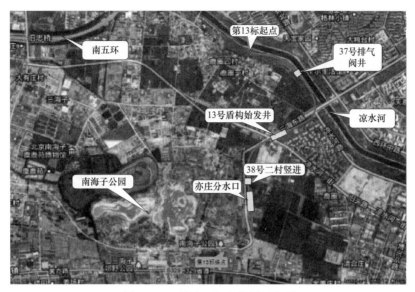

图 10-17 第十三标段位置示意图

2. 设计概况

（1）输水隧洞设计。

隧洞横断面为一条内径 4.6m 钢筋混凝土衬砌圆形暗涵，采用盾构法施工，如图 10-18 所示。

隧洞结构采用复合衬砌形式，一次衬砌为 C50W10F150 预制管片衬砌，本标段共需管片 3213 环；二次衬砌为 C30W10F150 模筑钢筋混凝土。钢筋 3183t，混凝土 17 632m³。

两层衬砌间设置连续防水板。

（2）盾构始发井结构设计。

本标段盾构始发井兼接收井围护结构由地下连续墙+水平支撑体系组成。盾构井围护结构采用 1.2m 厚地下钢筋混凝土连续墙，墙顶设 1500mm×1000mm 钢筋混凝土冠梁。混凝土支撑尺寸为 1000mm×1200mm，支撑钢筋锚入冠梁或腰梁内。基坑拐角采用 1200mm 厚 C30 钢筋混凝土板撑。连续墙接头采用刚性接头，连续

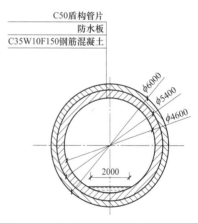

图 10-18 东干渠输水隧洞标准横断面图

墙接头设置 2 根 $\phi600@300$ 止水旋喷桩，有效桩长与连续墙一致。坑外阳角处采用高压旋喷桩加固，加固深度为地表下 2m 至坑底 3m。采用三重管旋喷加固，成桩直径 $\phi800@600$。底板为 1200mm 厚 C30 钢筋混凝土，垫层为 150mm 厚 C20 混凝土。

3. 水文地质

（1）输水管道。

输水管道底高程 4～15m 左右，洞底主要分布于细中砂层，局部为粉质黏土、卵砾石层中，其承载力标准值 220～350kPa。

（2）隧洞工程。

本标段隧洞围岩部分为细中砂、粉土及黏性土、颗粒间结构性较弱，围岩自稳能力较差，洞顶、洞身细中砂、卵砾石对围岩稳定不利。标段内含水土层盾构掘进时易出现流沙、潜蚀、流土、管涌等现象，施工时必须采取合理安全的掘进方案，做好围岩支护和加固保护工作，满足施工安全，地面沉降达到控制要求。隧洞洞底部分位于地下水位以下，存在涌水问题，桩号 40+805～42+379 之间最大涌水量约为 835m³/d.m。

（3）盾构始发井及竖井工程。

盾构始发井及竖井开挖涉及土体主要为填土、粉土、细中砂、卵砾石、粉质黏土、细中砂。盾构井底为细中砂，地基承载力为250kPa。竖井井底为细中砂、卵砾石，地基承载力为250kPa、350kPa。

4. 特点与重点

（1）始发井、接收井、竖井工程特点及重点，见表10-2。

表 10-2

工程特点及重点	主 要 对 策
基坑开挖	1. 分层开挖，严格按照施工要求，禁止超挖。 2. 加强基坑支护，及时施作支撑。
变形观测	1. 施工应根据监测设计的项目及测点的布置要求，严格进行监测。 2. 当基坑变形的观测达到预警值时，要加强监测频率，当基坑变形的观测达到警戒值时，停止施工，研究对策后，再进行施工
降水管理	1. 降水施工的好坏，直接影响到基坑施工，也影响到整个工程的施工进度和安全。 2. 基坑在雨季时应做好防涝措施，地下各种水管有可能发生渗漏或爆裂，事先准备好紧急排水措施。 3. 在降水抽水量大时，及时调整排水管尺寸及加大抽水泵的排量等措施

（2） 输水隧洞工程特点及重点，见表10-3。

表 10-3

工程特点及重点	主 要 对 策
盾构隧道施沉降、冒顶控制	1. 在盾构掘进通过之前，事先对沿线的管线进行物探。 2. 优化掘进施工参数，控制出土量，保持土压平衡。 3. 控制壁后注浆压力，在盾构同步注浆之后，必要时进行跟踪补浆或二次注浆。 4. 控制盾构姿态，不进行大幅度姿态调整或纠偏。 5. 加强机械设备养护，在重要建（构）筑物下，匀速通过
穿越凉水河一街、荣京西街、现况房屋等现况道路和建筑	1. 在施工前，拟在道路两侧设置沉降观测原始点，并进行原始数据的采集。当盾构进入影响范围时开始进行实时监测，加强监测频率，作为指导盾构施工的重要依据。并在盾构驶离后连续进行观测，在确认地层稳定后方可停止观测。 2. 盾构推进后，根据监测情况，若沉降超限，可采用二次注浆的方式对地层进行加固处理，保证地面沉降保持在规定范围内。 3. 壁后浆液使用刚性水泥浆液，减少浆液凝固时间，及时控制地面沉降，减小对地面的影响
盾构机穿越饱和水圆砾层	1. 正常段推进时采取良好的土体改良措施，起到保护刀盘以及保证螺旋输送机正常出土的作用，加强在盾构前方压注泡沫剂、聚合物添加剂和膨润土等的使用管理，保证土压平衡，以稳定掌子面。 2. 施工参数优化：进渣洞时土压力设定略低于理论值；出土量控制在理论值的95%左右，以保证盾构切口上口土体能微量隆起而减少土体的后期沉降量，避免对地层过大的扰动。 3. 编制应急措施。为降低盾构过砂层的风险，除做好必要的施工准备外，还需要对可能发生的意外进行分析，制订详细的应急方案，在施工组织、技术措施和物资等方面做好准备，提高出现险情时的反应速度
盾构下穿既有管线及构筑物	1. 严格按照设计要求施工，做好施工应急预案。 2. 通过始发段掘进确定各种掘进参数：掘进模式、总推力、刀盘转速、土仓压力、注浆压力、注浆量等。 3. 严格控制出渣量，严禁超排。 4. 采用同步注浆、二次注浆或多次注浆及深孔注浆等方式满足设计对沉降值的要求。 5. 加强监控量测，加强现场巡视，做到信息化施工
大孤石的处理	1. 盾构顶进过程中，遇到大孤石时，认真分析掘进参数，若有可能继续推进，且距离二衬施工井或盾构吊出井较近，可强行将孤石推进到出口处将其分解吊出。 2. 若确无法推进或距二衬施工井或盾构吊出井较远，可加固盾构机上方及前方地层，加压进仓进行孤石的人工解体破碎成螺旋输送机可运输的粒径
刀具的更换	1. 由于砂层地段的透水性强，应尽量避免排水，以免引起地表沉降超限。当遇到地下水很大时，可加入适当的压缩空气，以排出土仓内的水。维护保养盾构掘进机时，为防止水土涌入盾构，采用附加气压来稳定刀盘正面的土体。 2. 根据掘进数据预测刀具损坏情况，选择地面条件好的地点进行刀具检查和更换

续表

工程特点及重点	主 要 对 策
输水隧洞二衬模注混凝土施工	1. 输水隧洞二衬模板采用针梁式模板台车，混凝土全断面一次浇筑成形。 2. 脱模剂采用环保型脱模剂，防止水体污染。 3. 控制拆模时间，保证混凝土的成型质量。 4. 二衬混凝土要针对该工程的特点进行专门配比，混凝土中适当增加水泥用量，提高混凝土的和易性；混凝土的坍落度控制在 23～25cm；控制石子的颗粒，最大不超过 20mm，控制混凝土的初凝和终凝时间，确保混凝土浇筑过程中不堵管

二、主要施工流程

该工程总体施工组织流程详如图 10-19 所示。

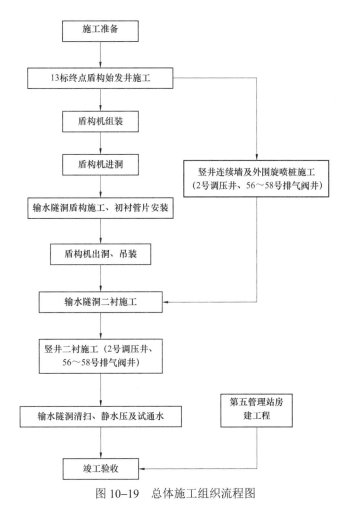

图 10-19　总体施工组织流程图

根据工程量、工期和设计图纸要求，以盾构和二衬施工为主线，串联沿线各个功能井，井室围护结构和土方开挖以 18 号盾构井为施工起点，依次施工 2 号调压阀井（亦庄分水口）、38 号排气阀和 37 号二衬竖井。

安排两台盾构机从 18 号盾构井分别向两端始发掘进。1 号盾构机先始发，向本标段终点方向掘进，为隧道二衬和井室内衬结构提前插入施工创造条件；2 号盾构机后始发，向本标段起点方向掘进。其施工顺序如图 10-20 所示。

图 10-20　盾构施工顺序

隧道二衬施工顺序与盾构初衬顺序大致相同：初衬完成后，待隧道清理完成后立即投入二衬施工。由于亦庄分水口竖井及结构复杂、工程量大，为此二衬施工时利用该井口施工的隧道二衬先行施工。完成隧道图如图 10-21 所示。

三、点施工节点

本节主要介绍盾构始发、掘进。

1. 盾构始发工艺流程

盾构始发工艺流程如图 10-22 所示。

2. 始发掘进技术要点

（1）要严格控制始发基座、反力架和负环的安装定位精度，确保盾构始发姿态与设计线路基本重合。

图 10-21　完成隧道图

（2）第一环负环管片定位时，管片的后端面应与线路中线垂直。负环管片轴线与线路的轴线重合，负环管片采用通缝拼装方式。

（3）盾构机轴线与隧道设计轴线基本保持平行，盾构中线比设计轴线适当抬高 2～3cm。

（4）盾构在基座上向前推进时，各组推进油缸保持同步。

（5）初始掘进时，盾构机处于基座上。因此，需在基座及盾构机上焊接相对的防扭转支座，为盾构机初始掘进提供反扭矩。

（6）始发阶段，设备处于磨合期。要注意推力、扭矩的控制，同时也要注意各部位油脂的有效使用。掘进总推力应控制在反力架承受能力以下，同时确保在此推力下刀具切入地层所产生的扭矩小于基座提供的反扭矩。

（7）盾构进入洞门前把盾壳上的焊接棱角打平，防止割坏洞门防水帘布。

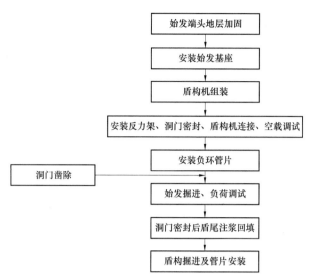

图 10-22　盾构始发工艺流程图

3. 试验段掘进参数的选择分析

（1）盾构机掘进的前 100m 作为试掘进段，通过试掘进段拟达到以下目的：

1）用最短的时间对新盾构机进行调试、熟悉机械性能。

2）熟悉该工程的地质条件，掌握各地质条件下土压式盾构的施工方法。

3）收集、整理、分析及归纳总结各地层的掘进参数，制定正常掘进各地层操作规程，实现快速、连续、高效的正常掘进。

4）熟练管片拼装的操作工序，提高拼装质量，加快施工进度。

5）通过本段施工，加强对地面变形情况的监测分析，反映盾构机始发时以及试推进时对周围环境的影响，掌握盾构推进参数及同步注浆量。

（2）盾构机在完成前 100m 的试掘进后，将对掘进参数进行必要的调整，为后续的正常掘进提供条件，并做好施工记录，记录内容有：

1）隧道掘进：

——施工进度；

——油缸行程、掘进速度；

——盾构推力、土压力；

——刀盘、螺旋机转速；

——盾构内壁与管片外侧环形空隙（上、下、左、右）。

2）同步注浆：

——注浆压力、数量、稠度；

——注浆材料配比、注浆试块强度（每天取样试验）。

3）测量：

——盾构倾斜度；

——隧道椭圆度；

——推进总距离；

——隧道每环衬砌环轴心的确切位置（X、Y、Z）。

4. 正常掘进与主要施工工艺

土压平衡盾构机具有敞开式、半敞开式及土压平衡三种掘进模式。为了获得理想的掘进效果、保证开挖面稳定、有效控制地表沉降及确保地面建筑物安全，必须根据不同的地质条件选择不同的掘进工况。

该工程盾构机在全程推进过程中使用土压平衡模式掘进。通过试验段的掘进选定了六个施工管理指标来进行掘进控制管理：① 土仓压力；② 推进速度；③ 总推力；④ 排土量；⑤ 刀盘转速和扭矩；⑥ 注浆压力和注浆量，其中土仓压力是主要的管理指标。

（1）土压平衡模式的实现。

土压平衡模式掘进时，是将刀具切削下来的土体充满土仓，由盾构机的推进、挤压而建立起压力，利用这种泥土压与作业面地层的土压与水压平衡。同时利用螺旋输送机进行与盾构推进量相应的排土作业，始终维持开挖土量与排土量的平衡，以保持开挖面土体的稳定。

（2）土压平衡模式下土仓压力的控制方法。

土仓压力控制采取以下两种操作模式：

1）通过螺旋输送机来控制排土量的模式：即通过土压传感器检测，改变螺旋输送机的转速控制排土量，以维持开挖面土压稳定的控制模式。此时盾构的推进速度人工事先给定。

2）通过推进速度来控制进土量的模式：即通过土压传感器检测来控制盾构千斤顶的推进速度，以维持开挖面土压稳定的控制模式。此时螺旋输送机的转速人工事先给定。掘进过程中根据需要可以不断转化控制模式，以保证开挖面的稳定。

（3）土压平衡模式的技术措施。

1）进行开挖面稳定设计，控制土压力，采用土压平衡模式掘进，严格控制出土量，确保土仓压力以稳定开挖面来控制地表沉降。

2）向土仓和刀盘面注入泥浆和泡沫，形成隔水泥膜，防止水从地层中渗出，提高土仓内碴土的稠度来改善碴土的止水性以及在螺旋输送机上安装保压泵碴装置，以使土仓内的压力稳定平衡。

3）选择合理的掘进参数，确保快速通过，将施工对地层的影响减到最小。

4）定期使螺旋输送机正反转，保证螺旋输送机内畅通，不发生堵塞。

5）适当缩短浆液胶凝时间，保证注浆质量。

6）向土仓和刀盘注入泡沫和水改善土体的流动性，防止泥土在土仓内粘结。

（4）掘进过程中姿态控制。

由于隧道曲线和坡度变化以及操作等因素的影响，盾构推进会产生一定的偏差。当这种偏差较大时，盾尾间隙变小使管片局部受力恶化，并造成地应力损失增大而使地表沉降加大，因此盾构施工中必须采取有效技术措施控制掘进方向，及时有效纠正掘进偏差。

1）盾构掘进方向控制。

结合本标段盾构隧洞的特点，采取以下方法控制盾构掘进方向：

① 采用自动导向系统和人工测量辅助进行盾构姿态监测。

该系统配置了导向、自动定位、掘进程序软件和显示器等，能够全天候在盾构机主控室动态显示盾构机当前位置与隧道设计轴线的偏差以及趋势。据此调整控制盾构机掘进方向，使其始终保持在允许的偏差范围内。

随着盾构推进导向系统后视基准点需要前移，必须通过人工测量来进行精确定位。为保证推进方向的准确可靠，拟每周进行两次人工测量，以校核自动导向系统的测量数据并复核盾构机的位置、姿态，确保盾构掘进方向的正确。

② 采用分区操作盾构机推进油缸控制盾构掘进方向。

根据线路条件所做的分段轴线拟合控制计划、导向系统反映的盾构姿态信息，结合隧道地层情况，通过分区操作盾构机的推进油缸来控制掘进方向。

推进油缸按上、下、左、右可分成四个组，每组油缸都有一个带行程测量和推力计算的推进油缸，根据需要调节各组油缸的推进力，控制掘进方向。

在上坡段掘进时，适当加大盾构机下部油缸的推力；在下坡段掘进时则适当加大上部油缸的推力；

在左转弯曲线段掘进时，则适当加大右侧油缸推力；在右转弯曲线掘进时，则适当加大左侧油缸的推力；在直线平坡段掘进时，则尽量使所有油缸的推力保持一致。

2）盾构掘进姿态调整与纠偏。

在实际施工中，由于管片选型错误、盾构机司机操作失误等原因盾构机推进方向可能会偏离设计轴线并超过管理警戒值；在稳定地层中掘进，因地层提供的滚动阻力小，可能会产生盾体滚动偏差；在线路变坡段或急弯段掘进过程中，有可能产生较大的偏差，此时就要及时调整盾构机姿态、纠正偏差。

① 参照上述方法分区操作推进油缸来调整盾构机姿态，纠正偏差，将盾构机的方向控制调整到符合要求的范围内。

② 在曲线段和变坡段，必要时可利用盾构机的超挖刀进行局部超挖和在轴线允许偏差范围内提前进入曲线段掘进来纠偏。

③ 当滚动超限时，就及时采用盾构刀盘反转的方法纠正滚动偏差。

3）方向控制及纠偏注意事项。

① 在切换刀盘转动方向时，应保留适当的时间间隔，切换速度不宜过快，切换速度过快可能造成管片受力状态突变，而使管片损坏。

② 根据掌子面地层情况应及时调整掘进参数，调整掘进方向时应设置警戒值与限制值。达到警戒值时及时实行纠偏程序。

③ 蛇行修正及纠偏时缓慢进行，如修正过程过急，蛇行反而更加明显。在直线推进的情况下，应选取盾构当前所在位置点与设计线上远方的一点作一直线，然后再以这条线为新的基准进行线形管理。在曲线推进的情况下，使盾构当前所在位置点与远方点的连线同设计曲线相切。

④ 推进油缸油压的调整不宜过快、过大，否则可能造成管片局部破损甚至开裂。

⑤ 正确进行管片选型，确保拼装质量与精度，以使管片端面尽可能与计划的掘进方向垂直。

四、项目施工经验总结

盾构法的优、缺点：

（1）优点。

1）安全开挖和衬砌，掘进速度快；

2）盾构的推进、出土、拼装衬砌等全过程可实现自动化作业，施工劳动强度低；

3）不影响地面交通与设施，同时不影响地下管线等设施；

4）穿越河道时不影响航运，施工中不受季节、风雨等气候条件影响，施工中没有噪声和扰动；

5）在松软含水地层中修建埋深较大的长隧道往往具有技术和经济方面的优越性。

（2）缺点。

1）断面尺寸多变的区段适应能力差；

2）新型盾构购置费昂贵，对施工区段短的工程不太经济；

3）工人的工作环境差，工作危险系数高。

第十一章 小直径盾构地下管廊施工

第一节 小直径盾构地下管廊施工概述

小直径盾构机施工原理和大直径盾构机施工原理相同，市政管线盾构机与地铁隧道盾构机，在实际工程应用中主要有以下几方面的区别：

（1）应用领域不同。

市政管线盾构机专门应用于电力、热力、燃气、给水、雨水、污水、再生水、输油管道等各类市政管线工程施工，管径相对较小，埋深也较浅，一般在 4～9m；地铁隧道盾构机专门应用于地铁隧道施工，管径相对较大，埋深也较深，一般 10m 以上。

（2）技术性能不同。

市政管线盾构机的设计施工转弯半径可小于 100m，雨污水管线有较高的防腐防渗要求，再生水、燃气、热力等管线需综合考虑高热、高推力等不利因素，电力隧道则需要支架安装；地铁隧道盾构机，由于受地铁列车行车的限制，转弯半径一般不小于 350m，应用对象为单一的城市轨道交通地下区间隧道。

（3）机型尺寸不同。

市政管线盾构机总长较长，由主机、联络梁和节台车组成，由于空间小，后配套设备设计在台车单侧，另一侧设计走道板，以确保盾构机内安全行走；地铁隧道盾构机长度一般在 70～80m 左右，主要由主机、联络梁、5～7 节台车组成，台车双侧均可安装设备或设计走道板。

（4）设备参数不同。

市政管线盾构机刀盘扭矩和推力相对较小，而地铁隧道盾构机刀盘扭矩和推力相对较大。

（5）始发、组装、接收工艺不同。

市政管线盾构机采用两次转接始发，始发竖井结构尺寸小，地铁隧道盾构机车站采用整体始发或一次转接，始发竖井结构尺寸大；市政管线盾构机组装解体时间短（组装时间 10 天，解体转场 3 天），地铁隧道盾构机的组装、解体时间对较长；市政管线盾构机总重量小，主机一般整体吊运，地铁隧道盾构机一般分体吊运、组装。

（6）管片拼装不同。

市政管线盾构机由于拼装区空间狭小，拼装时间长约为 30～40min。地铁隧道盾构机管片拼装时间为 20min 左右。

（7）对周边环境影响不同。

市政管线盾构机所施工的隧道埋深较浅，地层反应灵敏度大，对近距离管线的影响大，而地铁隧道盾构机隧道埋深较深，相对于市政管线而言，地层反应灵敏度较小；市政管线盾构机直径较小，对地层扰动相对较小，而地铁隧道盾构机直径大，对地层扰动项对较大。

（8）测量导向工艺不同。

市政管线盾构机施工时，由于操作空间小，换站时间长，导线复合频率高，小转弯半径段换站频率高；地铁隧道盾构机施工时因为有足够的通视空间，并且转弯半径相对较大，一般转弯段 20～30 环换站一次，平均直线段 50 环左右换站一次。

（9）管片设计不同。

市政管线盾构机施工，如按照 140m 小转弯半径计算，理论上 1.2m 管片可满足转弯要求，但考虑到盾构姿态差对管片拼装的不利影响，可采用小管片和 1.2m 管片交叉使用；地铁隧道盾构机一般采用 1.2～1.5m 的管片。

（10）市场保有量。

市政管线盾构机市场保有量相对较少，不足地铁盾构机市场保有量的 1/10，处于起步阶段，相对于地铁盾构机市场前景更为广阔。

第二节　某水厂配水管线施工实践

一、项目施工特点及重点

1. 项目概况

槐房再生水厂位于北京市区的西南部，如图 11-1 所示，拟建厂址西侧为槐房西路，东侧为槐房路，北侧为南环铁路，南侧为通久路，拟建厂区占地 31.36ha，规划流域面积约 120.6km²；水厂进退水管线采用盾构法施工，投入龙凤号两台盾构机，设计再生水管径为 DN1800，本次设计管道输水能力为 300 000m³/d。

图 11-1　槐房再生水厂位置示意图

本项目盾构区间为 1 号盾构始发井至 4 号盾构接收井（槐房再生水厂—草桥国际文化城）区间污水、再生水双线施工，污水长度 1515m，再生水长度 1533m，施工时先掘进污水隧道，盾构机由槐房再生水厂 1 号始发竖井分体始发，经过两处换刀井，在 4 号盾构接收井接收，盾构机解体转场至 1 号始发井，在 1 号盾构始发井进行再生水隧道掘进施工，经过两处换刀井，最终到达 4 号盾构接收井接收、解体、吊出、撤场。

本区间隧道覆土厚度为 7～9m，隧道最大纵坡为 0.06%，最小曲率半径为 150m。

1 号盾构始发井位于槐房再生水厂的西南部，净空尺寸为 16m×16m，深约 11m，呈正方形，采用桩间二次结构形式，围护桩直径 0.8m，间距 1.4m，C30 混凝土浇筑，场地内管线改移已完成。

换刀井位于南四环南侧绿地，净空尺寸为 8m×7m，深约 11m，呈长方形，采用桩间二次结构形式，围护桩直径 0.8m，间距 1.4m，C30 混凝土浇筑。

4 号盾构接收井位于南四环南侧花乡花卉产业园门口东侧道路及绿地，竖井净空尺寸为 14m×16m，深约 11m，呈长方形，采用桩间二次结构形式，围护桩直径 0.8m，间距 1.4m，C30 混凝土浇筑，如图 11-2、图 11-3 所示。

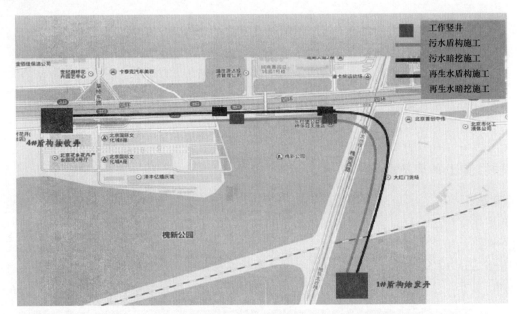

图 11-2　槐房再生水厂—草桥国际文化城盾构区间线路示意图

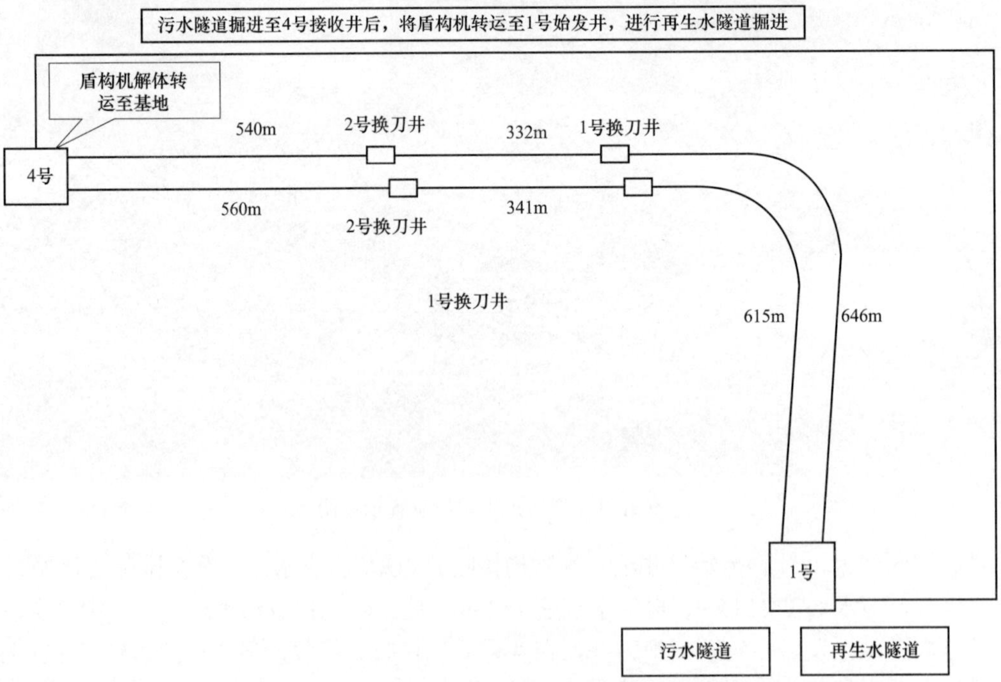

图 11-3　槐房再生水长—草桥国际文化盾构区间污水、再生水双线施工示意图

2. 水文地质

本项目所在位置地形基本平坦，勘察期间实测钻孔孔口处地面标高为 38.64～40.02m。根据现场勘察及室内土工试验成果，将勘探深度（最大 22.00m）范围内的地层划分为人工堆积层、新近沉积层和第四纪沉积层三大类，并根据各地层岩性及工程性质指标进一步划分为 5 个大层及亚层。

该工程地勘钻孔最深至 20m，未量测到地下水位。根据场区地层及区域地下水位观测资料分析，拟建场地第四纪沉积层中主要赋存一层潜水，其水位年变幅一般为1～3m。

3. 特点及重点

（1）小直径市政盾构小转弯半径施工：

R=140m 为项目最小半径，基本为国内水务盾构法最小转弯半径（图11-4）。小转弯半径施工轴线控制复杂，管片拼装难度大、轴线不易控制。

（2）盾构长距离全断面砂卵石地层掘进：

根据以往地铁盾构施工经验，隧道单线长度700m 左右，盾构机出洞后刀具已经磨损严重；计划在 650m 1 号检查井位置做检修井检查刀具情况。

（3）盾构同时上跨运行地铁线路和下穿城市主干道。

（4）盾构大坡度下穿立交桥区。

图 11-4　140m 半径小转弯

二、主要施工流程

盾构施工总体流程图和盾构施工示意如图11-5 和图11-6 所示。

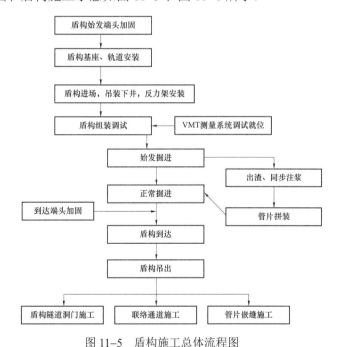

图 11-5　盾构施工总体流程图

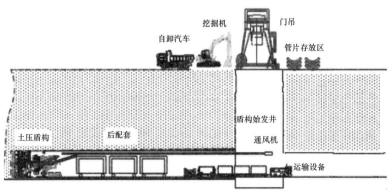

图 11-6　盾构施工示意图

187

三、重点施工节点

1. 盾构井冠梁施工

（1）设计参数。

冠梁截面尺寸为：800mm×1200mm（高×宽）。冠梁施工安排在灌注桩施工完成后分阶段进行。围护桩主筋锚入冠梁的长度不小于 35d，不足部分加弯钩；拐角处主筋锚入相邻冠梁不小于 35d。冠梁混凝土 C30，冠梁保护层为 35mm。冠梁采用 C30 预拌混凝土，坍落度控制在 180～200mm，冠梁配筋图与冠梁支撑预埋件如图 11-7 所示。

（2）施工工序。

钻孔灌注桩上设置冠梁，将排桩连接为整体。冠梁采用现场绑扎钢筋、钢模、现场灌注。冠梁施工安排在钻孔灌注桩完成后施工。

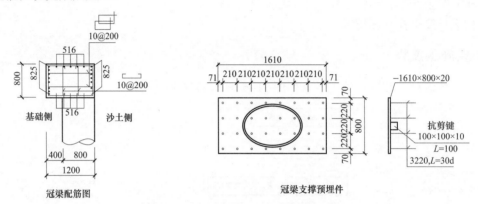

图 11-7 冠梁配筋图与冠梁支撑预埋件

土方开挖→凿除桩头→测量放线→钢筋绑扎→支模→浇筑混凝土→养护→拆模。

1）土方开挖。

根据护坡桩完成情况，采用挖土机进行土方开挖，开挖桩两侧土方，如图 11-8 所示。桩间土方采用人工开挖，挖土机距离桩要求在 20cm 以上，现场由专人负责指挥开挖，防止碰撞桩头，挖至冠梁基础底上 20cm 后采用人工进行清土，严禁超挖。

凿除桩头上部松软混凝土直至到达密实混凝土层，通知桩基检测单位对桩的完整性进行检测，合格后进行下道工序。根据测量放线高程，将高出部分混凝土凿至设计标高。

2）凿除桩头。

凿除挖孔桩护壁混凝土，凿毛处理桩芯顶面混凝土，清除桩顶浮渣及杂物，对桩顶锚固钢筋进行校正，如图 11-9 所示。要求处理后桩芯混凝土顶面标高不超过理论桩顶标高。

图 11-8 土方开挖示意　　　　　图 11-9 凿除桩头示意

冠梁底部桩头混凝土凿除作业由人工配合。过程中严禁破坏钻孔桩主筋。

3）按设计绑扎冠梁钢筋，主筋应与桩顶锚固筋焊接，以保证结构的整体性。混凝土垫块纵向间距不大于 60cm。

4）模板采用小钢模，支撑采用钢管与方木组合。

5）冠梁钢筋绑扎完毕后，支立冠梁模板，如图11-10所示，架设时应确保钢模板的牢固、可靠。按设计要求埋设预埋件，经监理工程师检查合格并签证后，然后一次性浇筑混凝土至设计标高。

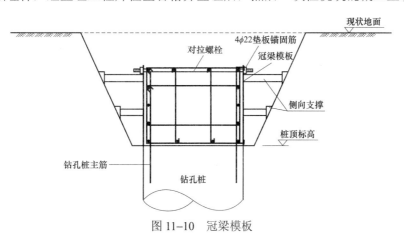

图11-10　冠梁模板

6）为防止雨水灌入竖井及隧道，冠梁顶设500mmC30砖砌挡土墙，高出冠梁500mm。冠梁西侧、北侧开挖排水沟，确保路面积水流入排水沟内，避免雨水倒灌。

2. 盾构掘进施工

（1）掘进流程及操作控制。

盾构掘进作业工序流程如图11-11所示。

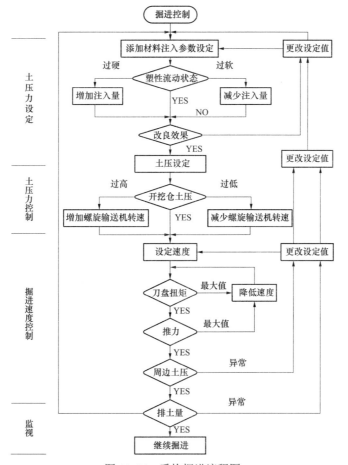

图11-11　盾构掘进流程图

盾构机及盾构机组装施工如图 11-12 所示。

盾构机

图 11-12　盾构机及盾构机组装施工

1）刀盘转动。

① 刀盘起动时，需先低速转动，待油压、油温及刀盘扭矩正常，且土仓内土压变化稳定后，再逐步提高刀盘转速到设定值。洞门加固段推进时土压应由 0 逐渐增至 0.02MPa 左右，刀盘穿过加固区后调至 0.04MPa，盾构机出加固区前，为克服地层土体强度的突变，防止地面沉降过大，必须将土压力的设定值逐渐提高，由于隧道顶部覆土厚度较深，根据始发段地面沉降状况作相应调整。

② 刀盘起动困难时，应正、反转动刀盘，待刀盘扭矩正常后，开始正常掘进。

③ 在操作过程中，应严密监控刀盘扭矩、油压及油温等参数，若其中某参数报警时，应立即停机。需查明原因，进行处理，待该参数恢复正常后方可继续掘进。

④ 刀盘转动时，盾构机会出现侧倾现象。当盾构机侧倾滚动角较大时，应反方向转动刀盘，使盾构机恢复到正常姿态。一般每推进一环刀盘调整一次旋转方向。

2）千斤顶顶进。

① 在掘进过程中，各组千斤顶应保持均匀施力，严禁松动千斤顶。考虑到盾构机自重，掘进过程中盾构机下部千斤顶推力应略大于上部千斤顶推力。初始段刀盘通过土层加固区时，千斤顶的推力设定为正常推力的 1/2，以低速切削的原则前进，以防出现大块。待刀盘通过土层加固区后千斤顶的推力逐

步调为正常推力值。

② 在掘进施工中,千斤顶行程差应控制在 50mm 内,且单侧推力不宜过大,以防挤裂管片。其施工如图 11-13～图 11-15 所示。

图 11-13 盾构机始发段掘进施工

图 11-14 盾构机第一次转接施工

图 11-15 盾构机第二次转接施工

3)出土。

① 出土时的操作顺序为打开螺旋输送机,然后开启出土口,出土口在刚开启时不宜过大,须先观察出土情况,如果无水土喷泻现象,可将出土口开启至正常施工状态。

② 螺旋输送机转速和敞口的大小应由土压决定,当仓内土压大于设定值时,方可进行出土作业。

③ 排出的碴土以疏松但不松散、潮湿但不析水为最佳。如出现水土分离或土质过干现象,需向螺

旋输送机内注入土体改良添加剂。

4）推进控制。

在初始阶段时，推进速度要慢，一般转速小于 1rpm，速度应控制在 5mm/min 以内。待刀盘通过土层加固区后速度逐渐调为 10～20mm/min。在盾构机掘进的同时，可向舱内注入土体添加剂，以改良土体，降低刀盘扭矩。盾构机在导轨上推进时，对脱出盾尾的管片，应及时用钢垫及薄钢板垫实其与导轨之间的空隙。

5）停止掘进。

盾构掘进中遇有下列情况之一时，应立即停止掘进，待查明原因并恢复后，方可继续掘进。

刀盘扭矩、土仓土压突变；出土量明显超过理论值；盾构自转角度过大；盾构位置偏离过大；盾构推力较预计的大；可能发生危及管片防水、运输及注浆遇有故障等。

（2）同步注浆及壁后二次注浆。

1）方式与材料。

壁后注浆采取同步注浆和二次补充注浆两种方式，同步注浆通过同步注浆系统随掘进同时注入，二次补充注浆利用补充注浆系统在盾尾后通过管片注浆孔进行。

同步注浆浆液为水泥砂浆，浆液初凝时间：一般为 10h，根据地层条件和掘进速度，通过现场试验加入促凝剂及变更配比来调整胶凝时间。浆液结石率＞95%，即固结收缩率＜5%；浆液稠度：8～12cm/m；浆液稳定性：倾析率（静置沉淀后上浮水体积与总体积之比）＜5%。同步注浆浆液配比见表 11-1。

表 11-1 同步注浆浆液配比表

材料	水泥	粉煤灰	膨润土	砂	水
重量/kg	120	360	120	700	500

二次补充注浆主要采用水泥水玻璃双液浆，配比见表 11-2。

表 11-2 双 液 浆 浆 液 配 比 表

A 液		B 液	A 液:B 液
水泥/kg P.S.A.32.5	水/L	水玻璃/L	
250	300	550	1:1
550/kg		波美度不得＜25	

2）技术参数。

① 注浆压力。同步注浆时要求在地层中的浆液压力大于该点的静止水压力及土压力之和，做到尽量填补同时又不产生劈裂。注浆压力过大，管片周围土层将会被浆液扰动而造成后期地层沉降及隧道本身的沉降，并易造成跑浆；而注浆压力过小，浆液填充速度过慢，填充不充足，会使地表变形增大。

同步注浆压力取值为：0.1～0.3MPa，二次注浆压力控制在 0.1～0.3MPa。

② 注浆量。盾尾同步注浆理论量为每环 1.55m³，根据经验注浆时每环应按 2.02～3.1m³（130%～200%）控制，同时要求同步注浆速度必须与盾构推进速度一致。

二次补强浆量根据地质及注浆记录情况，分析注浆效果，结合监测情况，由注浆压力与注浆量综合控制。

③ 注浆速度。同步注浆速度应与掘进速度相匹配，按盾构完成一环 1.2m 掘进的时间内完成当环注浆量来确定其平均注浆速度，达到均匀的注浆目的。

④ 注浆顺序。同步注浆通过管片预留注浆孔在盾构机推进的同时压注，在每个注浆孔出口设置压力传感器，以便对各注浆孔的注浆压力和注浆量进行检测与控制，从而实现对管片背后的对称均匀压注。

为防止注浆使管片受力不均产生偏压导致管片错位造成错台及破损，同步注浆时对称均匀的注入十分重要。补强注浆应先压注可能存在较大空隙的一侧。

（3）管片拼装。

该工程采用了通用环作为管片衬砌，如图 11-16 所示，管片外径 4000mm，内径 3500mm，每环管片长度 1200mm，管片采用"3A+2B+1K（楔块）"错缝拼装，管片接缝采用橡胶止水条防水。

图 11-16　盾构片

管片拼装操作如下：

1）管片选择。

通用环管片在使用时必须预先根据盾构机的位置及盾尾间隙大小选定管片的拼装位置，管片的拼装依据主要有以下两条，在管片拼装分析时要综合分析确定，缺一不可。

① 盾构千斤顶与铰接千斤顶的行程差。管片拼装的总原则是拼装的管片与盾尾的构造方向应尽量保持一致。对铰接的盾构而言，管片拼装后千斤顶的行程差最好为铰接千斤顶的行程差。

② 管片拼装前后管片外表面与盾壳内面的间隙。在盾构机尾部设有三道密封刷，用于保证在施工过程中不会有水土进入隧道，在盾构机掘进的同时，将向密封刷补充油脂，确保盾构机密封性能，在密封刷前端设有保护块用于保护密封刷不受损害，如果盾尾间隙过小，在管片脱出盾尾时，将产生较大变形，影响成型隧道的质量；同时，过小的盾尾间隙也将直接损坏盾构机的密封刷。

2）管片清理。

在管片型号确定后，对要吊装的管片表面进行清理。清理时应特别注意将管片四周的橡胶密封垫表面擦拭干净，以保证管片拼装后的防水质量。而且在拼装过程中要随时清除盾尾拼装部位的垃圾。

3）管片运输。

垂直运输：由龙门吊将管片从地面运输至盾构施工端头井内，放置于管片运输平板车上。

井内水平运输：用电瓶车将管片运输至盾构后配套内。

后配套内的运输：运输前须将管片吊点与管片行车连接牢固，再由管片行车将管片运输至管片拼装区。

4）管片拼装。

应按管片拼装方案确定的顺序进行拼装。一般先拼装底部管片，然后自下而上左右交叉安装，最后拼装锁定块。拼装中每环管片应均布摆匀并严格控制环面高差。管片拼装前，先在每块片管片螺栓孔位置做好标记，以便于管片的定位。管片拼装时，应先将待拼管片区域内的千斤顶油缸回缩，满足管片就位的空间要求。在进行管片初步就位过程中，应平稳控制管片拼装机的动作，避免待拼管片与相邻管片发生摩擦、碰撞，而造成管片或橡胶密封垫的损坏。管片初步就位后，通过塞尺与靠尺对相邻管片相邻环面高差进行量测，根据量测数值对管片进行微调，当相邻管片环面高差达到要求后，及时靠拢千斤顶，防止管片移位。千斤顶顶紧后进行管片连接螺栓的安装。前一块管片拼装结束后，重复上一步骤，继续进行其他管片的拼装。通用环盾构片拼装效果如图 11-17 所示。

图 11-17　通用环盾构片

为保证管片拼装质量及施工进度，施工时必须严格按照如下要求进行管片拼装的施工：

① 为加快拼装施工速度，必须保证管片在掘进施工完成前 10 分钟进入拼装区，以便为下一步施工做好准备；另外，为保证管片在掘进过程中不被泥土污染，也不宜提前将管片备好。

② 同时必须注意管片定位的正确，尤其是第一块管片的定位会影响整环管片拼装质量及与盾构的相对位置，尽量做到对称。管片拼装如图 11-18 所示。

图 11-18　管片拼装

③ 管片拼装要严格控制好环面的平整度及拼装环的椭圆度。

整环拼装的允许误差：相邻的环面间隙为 2mm，纵缝相邻块间隙为 2mm；成环后内径为 ±2mm，成环后外径为+6mm、−2mm。

管片在盾尾内拼装完成时，隧道轴线平面位置和高程允许偏差应控制为：隧道轴线平面位置±50mm、隧道轴线高程±50mm；每环相邻管片错台不应大于 5mm，纵向相邻环管片错台不应大于 6mm；初衬环直径椭圆度小于 5‰D。通用环管片成形隧道如图 11−19 所示。

图 11−19　通用环管片成形隧道

隧道建成后，隧道轴线平面位置和高程允许偏差应控制为：隧道轴线平面位置±100mm；每环相邻管片错台不应大于 10mm，纵向相邻环管片错台不应大于 15mm；初衬环直径椭圆度小于 6‰D。

④　每块管片拼装完后，要及时靠拢千斤顶，以防盾构后退及管片移位，在每环衬砌拼装结束后及时拧紧连接衬砌的纵、环向螺栓，拧紧时要注意检查螺栓孔密封圈是否全部穿入，不得出现遗漏。在该衬砌脱出盾尾后，应再次拧紧纵、环向螺栓。在进入下一环管片拼装作业前，应对相邻已拼装成型的 3 环范围内的隧道的管片连接螺栓进行全面检查并复紧。

⑤　封顶块防水密封垫应在拼装前涂润滑剂，以减少插入时密封垫间的摩阻力，必要时设置尼龙绳或帆布衬里，以限制插入时橡胶条的延伸。

⑥　在管片拼装的过程中如果需要调整管片之间的位置，不能在管片轴向受力时进行调整，以防止损坏防水橡胶条。

四、项目施工经验总结

盾构法与矿山（暗挖）法比较见表 11−3。

表 11−3　　　　　　　　　　　　　盾构法与矿山（暗挖）法比较

项　　目	盾构法开挖	矿山法（暗挖）开挖
施工成本投入	机械设备投入较高（3000 万～5000 万元）	投入低
施工安全系数	安全系数高，工作环境舒适	安全系数低，易出现塌方等事故
施工速度	施工速度快，每天掘进速度约 20m，可快速通过风险源	速度慢，每个工作面每天进尺约 2m

项　目	盾构法开挖	矿山法（暗挖）开挖
对地层适应性	广泛使用于砂卵石、黏土、硬岩、富水地层等	地质条件差、地下水位高地层条件下受限
工作井间距	仅需盾构始发井和接收井，满足长距离掘进，隧道长度不受限制	受运输、通风等影响工作井间距较短（一般 200m 左右）
对周边环境影响	盾构隧道可安全穿越河流、道路、民房、高层建筑、铁路等；不影响地面交通	地面沉降和周边建筑物沉降较难控制，主城区受施工占地影响较大
施工难度	机械化施工，盾构隧道管片衬砌一次成形；主要工序循环进行，施工易于管理，施工人员也比较少	工艺简单，工序繁杂，需施做初支、防水和二衬结构